"十三五"国家 出版规划项目

"中国海岸带研究"丛书

黄渤海及其海岸带碳循环过程与调控机制

王秀君　韩广轩　王菊英　编著

科 学 出 版 社

龙 门 书 局

北 京

内 容 简 介

本书是对近年来在黄渤海及其海岸带碳循环过程与调控机制方面合作研究工作的总结，重点介绍黄渤海与黄河三角洲碳源汇关键过程和滨海湿地、河口及海域碳循环关联研究的最新成果。内容包括土地利用方式和土壤改良对黄河三角洲土壤有机碳、无机碳储量的影响，黄河三角洲盐沼湿地土壤呼吸、CO_2扩散及其生态系统CO_2和CH_4交换的动态变化，黄渤海表层沉积物碳埋藏的空间分布及来源，黄渤海水体颗粒态有机碳、无机碳时空演变规律及其区域驱动机制，黄渤海海-气CO_2交换的时空演变特征及调控机制等。这些研究成果对认识人类活动和气候变化影响下近岸海域及海岸带有机与无机碳循环过程与碳汇调控利用具有重要的学术价值和实践指导意义。

本书可作为海洋科学、生态学、自然地理、环境科学等领域的科研工作者、管理者、教学人员等的参考资料，也可为寻求近岸海域及海岸带的碳增汇途径与规划管理的国家和地方有关部门提供参考。

图书在版编目(CIP)数据

黄渤海及其海岸带碳循环过程与调控机制 / 王秀君，韩广轩，王菊英编著. —北京：科学出版社，2020.1

（中国海岸带研究丛书）

ISBN 978-7-03-062418-5

Ⅰ.①黄… Ⅱ.①王… ②韩… ③王… Ⅲ.①黄海-碳循环-研究 ②勃海-碳循环-研究 Ⅳ.①P72

中国版本图书馆CIP数据核字(2019)第210411号

责任编辑：朱 瑾 / 责任校对：严 娜
责任印制：吴兆东 / 封面设计：图阅盛世

科学出版社 出版

龙门书局

北京东黄城根北街16号
邮政编码：100717
http://www.sciencep.com

北京虎彩文化传播有限公司 印刷
科学出版社发行 各地新华书店经销

*

2020年1月第 一 版 开本：720×1000 1/16
2021年12月第二次印刷 印张：13 3/4
字数：277 000

定价：180.00元

（如有印装质量问题，我社负责调换）

《黄渤海及其海岸带碳循环过程与调控机制》编委会

丛 书 序

海岸带是地球表层动态而复杂的陆-海过渡带，具有独特的陆、海属性，承受着强烈的陆海相互作用。广义上，海岸带是以海岸线为基准向海、陆两个方向辐射延伸的广阔地带，包括沿海平原、滨海湿地、河口三角洲、潮间带、水下岸坡、浅海大陆架等。海岸带也是人口密集、交通频繁、文化繁荣和经济发达地区，因而又是人文-自然复合的社会-生态系统。全球有40余万千米海岸线，一半以上的人口生活在沿海60千米的区间内，人口在250万以上的城市有2/3位于海岸带的潮汐河口附近。在中国，大陆及海岛海岸线总长约为3.2万千米，跨越热带、亚热带、温带三大气候带；大陆11个沿海省、自治区和直辖市的面积约占全国陆地国土面积的13%，集中了全国50%以上的大城市、40%的中小城市、42%的人口和60%以上的国内生产总值，新兴海洋经济还在快速增长。21世纪以来，我国在沿海地区部署了近20个战略性国家发展规划，现在的海岸带既是国家经济发展的支柱区域，又是区域社会发展的"黄金地带"。在国家"一带一路"倡议和生态文明建设战略部署下，海岸带作为第一海洋经济区，成为拉动我国经济社会发展的新引擎。

然而，随着人类高强度的活动和气候变化，我国乃至世界海岸带面临着自然岸线缩短、泥沙输入减少、营养盐增加、污染加剧、海平面上升、强风暴潮增多、围填海频发和渔业资源萎缩等严重问题，越来越多的海岸带生态系统产品和服务呈现不可持续的趋势，甚至出现生态、环境灾害。海岸带已是自然生态环境与经济社会可持续发展的关键带。

海岸带既是深受相连陆地作用的海洋部分，也是深受相连海洋作用的陆地部分。海岸动力学、海域空间规划和海岸管理等已超越传统地理学的范畴，海岸工程、海岸土地利用规划与管理、海岸水文生态、海岸社会学和海岸文化等也已超越传统海洋学的范畴。当今人类社会急需深入认识海岸带结构、组成、性质及功能，陆海相互作用过程、机制、效应及其与人类活动和气候变化的关系，创新工程技术和管理政策，发展海岸科学，支持可持续发展。目前，如何通过科学创新和技术发明，更好地认识、预测和应对气候、环境和人文的变化对海岸带的冲击，管控海岸带风险，增强其可持续性，提高其恢复力，已成为我国乃至全球未来地球海岸科学与可持续发展的重大研究课题。近年来，国际上设立的"未来地球海岸（Future Earth Coasts，FEC）"国际计划，以及我国成立的"中国未来海洋联合会""中国海洋工程咨询协会海岸科学与工程分会""中国太平洋学会海岸管理科学分会"等，充分反映了这种迫切需求。

　　"中国海岸带研究"丛书正是在认识海岸带自然规律和支持可持续发展的需求下应运而生。该丛书邀请了包括中国科学院、教育部、国土资源部(国家海洋局)、环境保护部、农业部、交通运输部等系统及企业界在内的数十位知名海岸带研究专家、学者、管理者和企业家，以他们多年的科学技术部(科技部)、国家自然科学基金委员会、国家海洋局及国际合作项目等研究进展、工程技术实践和旅游文化教育为基础，组织撰写丛书分册。分册涵盖海岸带的自然科学、社会科学和社会-生态交叉学科，涉及海岸带地理、土壤、地质、生态、环境、资源、生物、灾害、信息、工程、经济、文化、管理等多个学科领域，旨在持续向国内外系统性展示我国科学家、工程师和管理者在海岸带与可持续发展研究方面的新成果，包括新数据、新图集、新理论、新方法、新技术、新平台、新规定和新策略。出版"中国海岸带研究"丛书在我国尚属首次。无疑，这不仅可以增进科技交流与合作，促进我国及全球海岸科学、技术和管理的研究与发展，而且必将为我国乃至世界海岸带保护、利用和改良提供科技支撑和重要参考。

中国科学院院士、厦门大学教授 焦念志

2017 年 2 月于厦门

序　言

　　陆架边缘海的面积不足全球海洋面积的十分之一，但其初级生产力约为全球海洋总量四分之一，无机碳和有机碳在沉积物中的埋藏量分别为全球海洋总量的30%～50%和 80%。因此，研究陆架边缘海的碳循环过程及碳储存能力对于认识全球碳循环至关重要。

　　黄渤海是一个半封闭温带陆架边缘海，受海岸带、河口径流和海洋环流的共同影响，具有复杂的水动力过程和生物地球化学过程。一方面，黄渤海陆架区有机碳埋藏明显高于全球海洋陆架区有机碳埋藏通量的平均值；另一方面，黄渤海碳源汇过程存在很大的时空异质性及不确定性，人们对自然过程和人类活动共同影响下的黄渤海碳汇过程与增汇机制还缺乏系统而深入的认识。

　　该书作为"中国海岸带研究"丛书之一，汇集了北京师范大学、中国科学院烟台海岸带研究所、国家海洋环境监测中心、中国海洋大学和鲁东大学等科研单位近 10 年的研究成果，针对黄渤海及其海岸带碳汇功能和碳循环过程的复杂性，从陆-海-气多界面、多层次着手，探讨自然过程和人类活动影响下的物理、化学和生物过程对黄渤海碳库时空格局及碳源汇过程的影响机制。该书首次阐述了黄渤海水体、黄河三角洲土壤、黄河口沉积物中无机形态碳储量均远高于有机形态碳储量的研究结果，并揭示了在这些区域土壤和沉积物中无机碳储量与有机碳储量之间呈显著正相关关系。有关研究结果不仅丰富了陆架边缘海碳循环理论，也为我国寻找"增汇减排"途径提供了新的科学依据。

中国科学院院士、厦门大学教授 焦念志

2019 年 10 月

前　言

　　21 世纪以来，由于科学家们对海底生态系统(如海皋)和滨海湿地生态系统(如红树林、盐沼)的碳汇功能具有较深的认识，并将其与"失碳汇"相关联，国内外碳循环方面的研究开始偏重于海岸带及陆架海"蓝碳"研究。黄渤海是位于我国东部的一个典型陆架海，近 10~20 年国内研究人员围绕该区域碳循环开展了多方面的研究。而"中国蓝碳计划"，就我国"蓝色碳汇"提出了开展陆海统筹下的碳汇过程及其调控机制研究。

　　在国家重大科学研究计划项目全球变化领域——"碳循环关键过程及其与气候系统耦合的研究"(2013CB956602)的支持下，北京师范大学全球变化与地球系统科学研究院碳循环团队于 2013~2017 年围绕黄渤海固碳潜力，开展了对整个黄渤海海域水体颗粒有机碳和无机碳时空演变以及黄河口沉积物碳埋藏的研究。此外，在北京师范大学人才引进项目——"黄河流域土壤及沉积物不同形态碳时空演变规律及驱动机制"的支持下，该团队于 2015~2018 年围绕黄河三角洲土壤有机碳、无机碳储量开展了一系列的研究。本书收集汇编了这两个项目的有关研究成果。

　　另外，本书还汇集了中国科学院烟台海岸带研究所、国家海洋环境监测中心、中国海洋大学和鲁东大学等科研单位近 10 年的研究成果，并结合已发表的有关研究结果，从陆-海-气多界面、多层次着手，重点分析了黄河三角洲土地利用及管理方式对土壤有机碳和无机碳库的影响(第 2、3 章)，黄河三角洲盐沼湿地土壤呼吸及其生态系统 CO_2 和 CH_4 通量的变化(第 4~6 章)，黄渤海水体颗粒态有机碳、无机碳时空演变规律和表层沉积物有机碳埋藏空间分布及来源(第 7、8 章)，黄渤海海-气 CO_2 和 CH_4 交换的时空演变特征及其环境效应等(第 9、10 章)探讨了自然过程和人类活动影响下的物理、化学和生物过程对黄渤海碳库时空格局及碳源汇过程的影响机制。

2019 年 10 月

目　录

第1章　黄渤海及其海岸带概述 ……………………………………001

1.1　黄渤海地形地貌特征 …………………………………002

1.1.1　渤海 ……………………………………………002

1.1.2　黄海 ……………………………………………004

1.2　海洋水文要素 …………………………………………005

1.2.1　海表温度 ………………………………………005

1.2.2　海表盐度 ………………………………………007

1.2.3　风场特征 ………………………………………008

1.2.4　潮汐与余流 ……………………………………008

1.2.5　海浪 ……………………………………………013

1.3　黄渤海海岸带特征及自然灾害 ………………………015

1.3.1　海岸带特征 ……………………………………015

1.3.2　海岸带自然灾害 ………………………………017

1.4　黄河三角洲环境特征 …………………………………019

参考文献 ………………………………………………………021

第2章　黄河三角洲土地利用方式对土壤有机碳和碳酸盐
的影响 ……………………………………………………025

2.1　黄河三角洲不同土地利用方式下土壤的基本
理化特性 ………………………………………………026

2.2　不同土地利用方式下土壤有机碳和无机碳 …………027

2.2.1　土壤有机碳和无机碳的空间分布特点…027

2.2.2　土壤有机碳和无机碳的垂直分布 ………029

2.2.3　土壤有机碳和无机碳的关系 ……………031

    2.2.4 不同土地利用方式下 pH 和盐分对有机
      碳和无机碳的影响 ··032
  2.3 小麦-玉米轮作下土壤碳同位素及次生
    碳酸盐 ··033
    2.3.1 有机碳和无机碳稳定碳同位素空间
      分布 ··033
    2.3.2 土壤次生碳酸盐的空间分布 ················035
    2.3.3 次生碳酸盐与有机碳的关系 ················037
  参考文献 ··039

第 3 章 黄河三角洲盐碱水稻土改良对土壤碳的影响 ·········043
  3.1 有机肥与无机肥配施对土壤 pH 和盐分的
    影响 ··044
  3.2 有机肥与无机肥配施对水稻生长及产量的
    影响 ··046
    3.2.1 水稻的净光合效率 ················046
    3.2.2 水稻产量及肥料农学利用效率 ················046
  3.3 有机肥与无机肥配施对土壤养分的影响 ·········047
    3.3.1 土壤养分的垂直变化 ················047
    3.3.2 土壤养分的生态化学计量特征 ················049
    3.3.3 有机肥与无机肥配施对土壤磷饱和度
      的影响 ··050
  3.4 有机肥与无机肥配施对土壤碳的影响 ·········050
    3.4.1 土壤有机碳与无机碳储量的垂直变化 ···050
    3.4.2 有机肥和磷肥对土壤碳储量的影响 ·····051
    3.4.3 土壤有机碳、无机碳与土壤理化性质
      的关系 ··052
    3.4.4 盐碱水稻土有机碳与无机碳的关系 ·····053
  3.5 本章小结 ··054
  参考文献 ··054

第 4 章 黄河三角洲盐沼湿地土壤呼吸的季节变化 ·········057
  4.1 数据监测及分析 ··059

4.1.1　土壤呼吸测定 ·············059

4.1.2　环境因子和生物因子的测定·············059

4.1.3　数据分析 ·············060

4.2　黄河三角洲滨海湿地环境因子和生物因子的
季节变化 ·············060

4.3　黄河三角洲盐沼湿地土壤呼吸动态变化·············061

4.3.1　黄河三角洲滨海湿地土壤呼吸的
日动态 ·············061

4.3.2　黄河三角洲滨海湿地土壤呼吸的季节
动态 ·············063

4.4　环境因子和生物因子对黄河三角洲滨海湿地
土壤呼吸的影响 ·············067

4.4.1　全年尺度上土壤温度对土壤呼吸的
影响 ·············067

4.4.2　生长季尺度上土壤体积含水量和叶面积
指数对土壤呼吸的协同影响·············067

4.5　黄河三角洲滨海湿地土壤呼吸的影响机制·············068

参考文献 ·············069

第 5 章　黄河三角洲盐碱地土壤 CO_2 浓度及地表 CO_2 交换
通量的动态变化·············073

5.1　试验方法与数据分析·············074

5.1.1　土壤 CO_2 浓度的测定 ·············074

5.1.2　地表 CO_2 交换通量的测定 ·············074

5.1.3　数据收集和分析 ·············075

5.2　土壤 CO_2 浓度及通量的动态变化·············075

5.2.1　土壤温度的季节变化·············075

5.2.2　土壤 CO_2 浓度的日变化和季节变化·············076

5.2.3　降雨对土壤 CO_2 浓度及地表 CO_2 交换
通量的影响 ·············078

5.2.4　地表 CO_2 交换通量与浓度梯度和土壤温度
的关系 ·············080

5.3　土壤 CO_2 浓度的影响因素及地表 CO_2 交换通量
的模拟 ·············080

5.3.1 环境因素对土壤 CO_2 浓度的影响 ········· 080

5.3.2 环境因素对土壤呼吸的影响 ············· 081

5.3.3 地表 CO_2 交换通量模型的应用 ········· 082

参考文献 ·· 083

第6章 黄河三角洲盐沼湿地生态系统 CO_2 和 CH_4 交换 ····· 087

6.1 潮汐湿地观测场 ······································· 089

6.1.1 涡度、微气象观测系统 ················· 089

6.1.2 潮汐水文监测平台 ······················· 089

6.2 黄河三角洲盐沼湿地 CO_2 和 CH_4 动态变化
规律 ·· 090

6.2.1 黄河三角洲环境因子动态变化 ········· 090

6.2.2 黄河三角洲盐沼湿地生长季 NEE 排放
动态变化 ···································· 092

6.2.3 黄河三角洲盐沼湿地生长季 CH_4 排放
动态 ··· 094

6.3 潮汐作用下干湿交替对盐沼湿地生态系统净
交换的影响 ·· 095

6.3.1 潮汐过程对生态系统净交换的影响 ····· 095

6.3.2 潮汐作用下干湿交替对 NEE 日动态的
影响 ··· 097

6.3.3 干旱和湿润条件下 NEE 对 PAR 的
响应 ··· 098

6.3.4 干旱和湿润条件下夜间生态系统呼吸
对温度的响应 ······················· 099

6.3.5 潮汐作用对盐沼湿地生态系统净交换
的影响机制 ····························· 100

6.4 潮汐作用对黄河三角洲盐沼湿地 CH_4 排放的
影响 ·· 102

6.4.1 潮汐作用对 CH_4 通量排放日动态影响 ··· 102

6.4.2 CH_4 排放通量对不同潮汐阶段的响应 ··· 104

6.4.3 潮汐作用对 CH_4 排放的影响机制 ········ 104

参考文献 ·· 106

第 7 章　黄渤海水体颗粒碳 2003～2016 年时空演变规律 ···· 113
　　7.1　颗粒有机碳(POC)季节性空间分布规律 ········· 115
　　　　7.1.1　POC 空间分布 ··············· 115
　　　　7.1.2　POC 季节变化 ··············· 117
　　7.2　颗粒无机碳(PIC)季节性空间分布规律 ········· 118
　　　　7.2.1　PIC 空间分布 ··············· 118
　　　　7.2.2　PIC 季节分布 ··············· 119
　　7.3　颗粒无机碳与颗粒有机碳的比值 ············ 120
　　7.4　颗粒碳年际变化规律 ················· 121
　　7.5　本章小结 ····················· 122
　　参考文献 ······················· 123

第 8 章　黄渤海沉积有机碳的源汇格局 ············· 127
　　8.1　黄渤海研究区域概况 ················· 128
　　8.2　黄渤海沉积有机碳的来源与分布 ············ 130
　　　　8.2.1　黄渤海沉积物中总有机碳的来源与
　　　　　　　分布 ···················· 130
　　　　8.2.2　黄渤海沉积物中水质素及其相关参数
　　　　　　　的组成和分布 ················· 133
　　8.3　黄渤海沉积有机碳的保存 ·············· 140
　　　　8.3.1　黄渤海沉积有机碳的保存特点与降解
　　　　　　　状态 ···················· 140
　　　　8.3.2　黄渤海沉积有机碳的再矿化作用 ········· 142
　　8.4　黄渤海沉积有机碳的埋藏通量 ············· 144
　　8.5　本章小结 ····················· 147
　　参考文献 ······················· 147

第 9 章　渤海海-气 CO_2 和 CH_4 交换通量及环境效应 ········· 157
　　9.1　渤海表层海水 pCO_2 及海-气 CO_2 交换通量的
　　　　分布变化 ····················· 158
　　　　9.1.1　渤海表层海水 pCO_2 的分布变化 ········· 158
　　　　9.1.2　渤海海-气 CO_2 交换通量评估 ·········· 159
　　9.2　渤海季节性缺氧及酸化 ················ 161

9.2.1 渤海低氧区分布 ……………………… 161

9.2.2 渤海低氧控制机制 ……………………… 162

9.2.3 渤海季节性酸化 ……………………… 164

9.3 渤海海-气 CH_4 交换通量及其驱动机制 ……… 164

9.3.1 渤海溶解 CH_4 分布及主要控制因素
分析 ……………………………………… 165

9.3.2 渤海海-气 CH_4 交换通量评估 ……… 167

参考文献 ………………………………………… 168

第 10 章 黄海海-气 CO_2 交换通量时空演变及调控机制 …… 171

10.1 黄海表层海水 pCO_2 和海-气 CO_2 交换通量
的空间分布及季节变化 ………………… 172

10.1.1 表层海水 pCO_2 的空间分布 ……… 172

10.1.2 表层海水 pCO_2 的季节变化 ……… 173

10.1.3 表层海水 pCO_2 时空变化的影响
因素 ……………………………………… 173

10.1.4 黄海海-气 CO_2 交换通量评估 ……… 174

10.2 表层海水 pCO_2 的月季变化及其调控因素
分析——以圆岛站为例 ………………… 175

10.2.1 圆岛站水文化学等参数月季变化 … 176

10.2.2 圆岛站海水碳酸盐体系参数月季
变化 ……………………………………… 177

10.2.3 圆岛海域表层海水 pCO_2 的影响
调控因素 ………………………………… 178

10.2.4 圆岛海域海-气界面 CO_2 交换
通量 ……………………………………… 179

10.3 黄海季节性低碳酸钙饱和度的调控机制及
其对海-气 CO_2 交换通量的影响 ……… 181

10.3.1 黄海夏季水文化学参数的分布 ……… 181

10.3.2 黄海夏季海水 Ω_{arag} 的影响因素 ……… 184

10.3.3 21 世纪末黄海 Ω_{arag} 的评估 ………… 184

参考文献 ………………………………………… 185

第 11 章　　黄渤海及其海岸带碳循环综述······························189

　　11.1　黄渤海水体颗粒碳时空演变······························190

　　11.2　黄渤海沉积物碳埋藏····································191

　　　　11.2.1　近海沉积物碳储量·······························191

　　　　11.2.2　黄河口沉积物碳储量·····························192

　　11.3　海-气 CO_2 交换通量··································192

　　11.4　黄河三角洲碳循环过程··································193

　　　　11.4.1　滨海盐沼湿地碳循环·····························193

　　　　11.4.2　滨海盐碱土碳储量·······························195

　　11.5　结论与展望··196

　　参考文献··196

第 1 章

黄渤海及其海岸带概述*

* 尤再进，石洪源，鲁东大学港口与海岸防灾减灾研究院
  陈超，集美大学工程技术学院

1.1　黄渤海地形地貌特征

1.1.1　渤海

渤海是深入中国大陆的一个半封闭式浅海(图 1.1)，它的东边与黄海相接，其北、西、南三面被辽宁、河北、天津和山东所包围，渤海与黄海的分界线是辽东半岛南端老铁山角与山东半岛北岸蓬莱角的连线。渤海的水域总面积约为 7.7×10^4 km²，东北至西南的纵长约 555 km，东西向最宽处约为 346 km。渤海由 5 部分组成，分别为辽东湾、渤海湾、莱州湾、中央海盆、渤海海峡，其中三湾围绕着中央海盆。

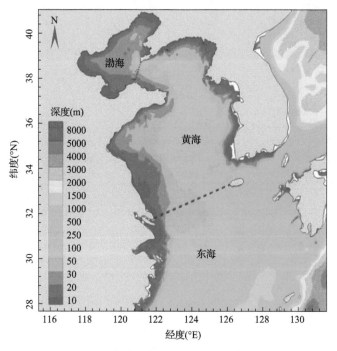

图 1.1　黄渤海的地理位置及其分界线

辽东湾位于渤海北部，湾口以河北的大清河口与辽宁的老铁山角连线为其南界，湾顶端东起盖州、西至小凌河口。辽东湾是淤泥质海岸，地形整体从湾顶端及两岸向中央倾斜，等深线基本平行于岸线，海岸坡度极缓。在辽东湾的东南部，有 7 条等深线呈指状排列的地形，它就是著名的辽东浅滩。渤海湾位于渤海西部，东部以河北的大清河口与山东半岛北岸的老黄河口连线为界，渤海湾内的海底地形由湾顶端向渤海中央倾斜，湾内水深较浅，平均水深通常小于 20 m。莱州湾位于渤海南部，以黄河口与山东半岛龙口的屺坶岛的连线为北界，湾内地形平坦，略向渤海中央倾斜，平均水深通常小于 15 m。渤中洼地近四边形，地形平坦，平均水深为 20～30 m。渤海海峡位于辽宁老铁山与山东蓬莱之间，宽约 104.3 km。长山列岛约由 40 个岛礁组成，北起北城隍岛，南至蓬莱角，呈北东向排列于海峡中，把海峡分割成若干水道，较大的水道共有 8 条，自北而南为老铁山水道、大小钦水道、北砣矶水道、高山水道、猴矶水道、南砣矶水道、长山水道和登州水道，这些水道和岛礁构成了海峡沟脊相间的崎岖地形。

渤海的整体海底地势自辽东湾、渤海湾、莱州湾向中央海盆及渤海海峡倾斜，平均坡度约为 29″，10 m 深以内浅水面积占总面积的 26%，平均水深约为 18 m，最大水深出现在山东半岛最东端的成山角外，深度达 82 m（徐晓达等，2014）。由于渤海四周几乎被大陆所环绕，且有黄河、滦河、六股河、辽河等向渤海输运大量的陆源物质，除就近沉积于河口及湾内以外，其余陆源物质则漂移至渤海中央海盆，最终沉降下来。

渤海沿岸以粉砂与淤泥质海岸居多。黄河口附近的海岸是比较典型的扇形三角洲海岸。辽东半岛西岸盖州以南、小凌河至北戴河、鲁北沿岸虎头崖至蓬莱角等几段属于基岩砂砾质海岸。渤海湾和莱州湾地形均平缓且单调。黄河口发育有巨大的三角洲，河口沙嘴平均每年向外延伸 2.5 km。

海洋沉积物粒度特征是沉积物输运、沉降和再分配过程的集中反映，被广泛应用于识别沉积环境类型、判定沉积物运动的方式（悬移、跃移或推移）和指示水动力的大小及其搬运能力的强弱（Xiao et al.，2006）。在南黄海中东部、北黄海中西部、渤海西北部及辽东湾北部，沉积物颗粒较细，分选系数较高，分选较差，说明这些地区水动力较弱，分选沉积物的能力较差；而在辽东湾南部、渤海海峡、北黄海东部、南黄海西部和北部及长江口外，沉积物颗粒较粗，分选系数较低，分选较好，说明这些地区水动力较强，有较强的分选沉积物的能力（王双，2014）。

在渤海海域底部，粗粒级沉积物主要分布于辽东和渤中浅滩附近，在滦河口和黄河口也有零星分布；细粒级沉积物主要分布于渤海湾中部和东部，并呈条带状向辽东湾方向延伸；细粒级沉积物分选较粗粒级沉积物好，偏态系数较低；渤海细粒级沉积区为渤海的现代沉积中心，周边沉积物有向这个沉积中心汇聚的输运趋势（乔淑卿等，2010）。这种沉积物分布格局和输运趋势主要受渤海潮流和环流的控制（乔淑卿等，2010）。图 1.2 给出了莱州湾泥沙类型分布（You and Chen，2018）。

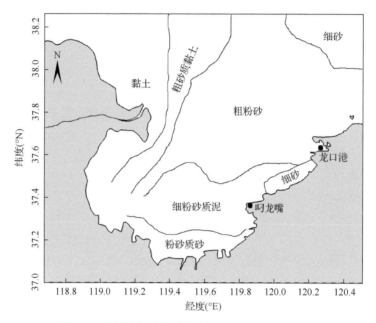

图 1.2　莱州湾泥沙类型分布(You and Chen, 2018)

1.1.2　黄海

　　黄海为半封闭浅海，平均水深 44 m，水域总面积约为 3.8×10^5 km²，中部有自南向北变浅的黄海槽，黄海和东海的分界线是长江口北岸的启东角与韩国济州岛西南角的连线，如图 1.1 中虚线所示。黄海是西北太平洋典型的半封闭边缘海，古黄河在 1128～1855 年从江苏北部流入黄海,向黄海输送了大量的泥沙沉积物，使得黄海大片海域呈现黄褐色，因而得名黄海。黄海北岸为我国的辽东半岛；西岸为我国山东半岛和江苏省；东岸为朝鲜半岛，它在西北经渤海海峡与渤海相通；南部则与东海相接，以长江口北岸的启东嘴与韩国济州岛西南角的连线为界，在东南部经济州海峡与韩国南部海域相接。

　　黄海通常可分为南黄海和北黄海两部分，以山东半岛的成山角与朝鲜半岛的长山串之间的连线为界(约 37°N)。北黄海的面积为 7.03×10^4 km²，形状近似为椭圆，平均水深为 38 m；南黄海的面积为 30.9×10^4 km²，形状近似为长方形。整个黄海最深处水深为 140 m，位于济州岛北侧。黄海的地形比较复杂，以开阔的浅海平原为主，可大致分为黄海中部海槽、海州湾阶地平原、苏北岸外舌状地形体系、朝鲜半岛岸外台地。

　　黄海中部海槽是黄海最突出的地形特征，它是黄海底部浅海平原上长条状的洼地，自济州岛西南向西北延伸，大致在 36°N 转为北向，延伸至北黄海，构成了黄海整个地形的中轴。其深度为 60～80 m，自南向北逐渐变浅，东侧靠近朝鲜半岛一侧地势较陡，西侧的地势则较为平缓。在黄海海槽中部谷底处，还存在一系列水深超过 80 m 的洼地。海州湾阶地平原位于山东半岛南岸外和古黄河三角洲以北，该海区为古河道和古湖沼洼地地形，地势向东南逐渐降低，最终与黄海海槽相接，其南面为地势陡升的苏北浅滩，存在较大的地形梯度。苏北岸外舌状地形体系主要包括古黄河三角洲、苏北浅滩、长江浅滩 3 部分，自江苏北岸向东南呈舌状延伸，北部边缘大致为 20 m 等深线，东南部边缘沿 50 m 等深线，古黄河三角洲为泥沙沉积形成，苏北浅滩上有众多呈辐射状分布的潮流脊群。朝鲜半岛岸外存在许多岛礁、弱谷，地形支离破碎，但整体上可看作一个水下台地，台地西侧地形陡峭。

在黄海有一潮流脊，它位于潮差大、潮流急的海域，是冲刷海底沙滩而形成的与潮流平行的海底地貌形态。从鸭绿江到大同江口外的海底，有大片呈东北-西南走向的潮流脊；在江苏的苏北黄海沿岸有更大型的潮流脊群，即以弶港为顶端向外呈辐射状分布的潮流脊群，其范围相当大，南北长约 200 km，东西宽约 90 km，有大小沙体 70 余个。

山东半岛、辽东半岛和朝鲜半岛多为基岩砂砾质海岸或港湾砂质海岸。苏北沿岸至长江口以北及鸭绿江口附近，则为粉砂淤泥质海岸。

北黄海底质类型主要有泥、粉砂、砂质粉砂、粉砂质砂、砂 5 种类型，而砾石含量较少(王伟，2008)。砾石主要分布在长山列岛附近海域、大连湾口及其东南近海；砂主要分布在 123.3°E 以东的海域及长山列岛附近海域；粉砂主要分布在北黄海的西南部和大连湾外海；黏土的含量较低，其含量大于 30% 的区域仅分布在北黄海的西南部，其含量大于 16% 的区域有向北和东北延伸的趋势，大连湾至广鹿岛近海沉积物的黏土含量也大于 16%。沉积环境主要受山东半岛沿岸流、黄海暖流、强潮流场、长山列岛和辽东沿岸流控制。在南黄海海域底部，沉积物类型为砾石、粉砂、砂质粉砂、粉砂质砂和泥，局部海区出现砂、砂质泥，其中砂质粉砂和粉砂质砂为区内分布最广泛的沉积物类型(徐刚，2010)。

1.2　海洋水文要素

1.2.1　海表温度

黄渤海夏季的温度分布比较均匀，夏季 8 月的大部分海域均为 24～26℃，在黄渤海浅水区或岸边水温较高。但在特定海域，如辽东半岛和山东半岛顶端，却出现低温区，这些低温区是受夏季季风等因素影响而产生的上升流形成的，此外，潮汐混合也对近岸低温区的形成起到较大作用。

　　黄海冬季表层水温分布特征是暖水舌从南黄海经北黄海直至渤海海峡，其涉及范围影响黄海大部分海域。随着纬度的升高和逐渐远离暖水舌根部，水温也越来越低。在黄海的东西两侧，因有冷水沿岸南下，其水温明显低于同纬度的中部海域；黄海的平均最低水温区，分布于北部沿岸至鸭绿江口一带。由于渤海水浅，对水温的响应较快，三大海湾(辽东湾、渤海湾、莱州湾)顶部平均最低水温均低于 0℃(孙湘平等，1981)。

　　黄渤海四季海表平均水温的空间分布如图 1.3 所示，其中海表温度来源于欧洲中期天气预报中心(European Center for Medium-range Weather Forecasts，ECMWF)的 ERA-Interim 再分析数据(2015～2017 年)。如图 1.3 所示，渤海表面温度要比黄海的低，尤其在冬季，辽东湾的温度最低。

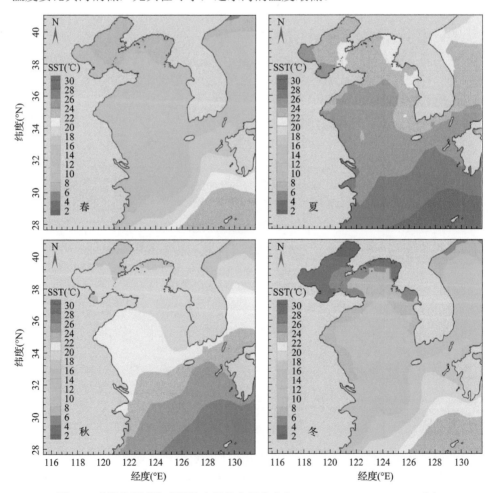

图 1.3　黄渤海四季海表平均水温的空间分布(ERA-Interim，2015～2017 年)

1.2.2 海表盐度

中国近海的海水盐度分布与水量平衡密切相关，受高温和高盐黑潮及大陆径流、河口径流的重要影响。黄海没有大的入海河流，所以没有显著的江河入海导致的冲淡水现象。相对于黄海而言，渤海面积较小，深度较浅，而且流入渤海的河流众多，淡水的入海量较大。因此，渤海是盐度最低的海域，尤其是在夏季，黄河口附近存在明显的河口冲淡水区域。图 1.4 给出了黄渤海春季、夏季、秋季和冬季平均海表盐度的空间分布，其中盐度数据来源于混合坐标海洋模型(hybrid coordinate ocean model，HYCOM)再分析数据(2016～2017 年)，其网格空间分辨率为(1/12)°，时间分辨率为 1 d。黄海除东北角和西南角盐度较低外，盐度分布比较均匀，其平面分布有一定规律，几乎全年都有一支由南向北的高盐水舌存在，盐度由南向北逐渐递减。渤海海表盐度在沿岸受沿岸水控制，在渤海中央和东部渤海海峡一带受黄海暖流的高盐水支配。渤海表层盐度的分布特点为：海区中央和东部高，北、西、南三面沿岸递减。

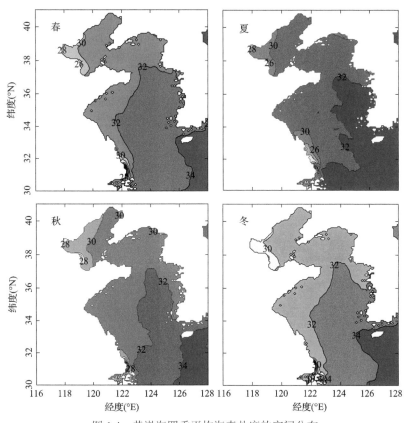

图 1.4 黄渤海四季平均海表盐度的空间分布

1.2.3 风场特征

渤海是东亚季风区的一个相对较小的半封闭海区，而黄海是西太平洋的边缘海，是东亚季风区一个比较开阔的海区。黄渤海的风四季明显，属典型的季风气候，冬、夏季的主风向几乎有 180° 的变化。在季风背景下，冬、夏季黄渤海的气压场分布大体相反，等压线的走向基本呈南北向，气压梯度相反。风矢穿越等压线偏向低压一侧，冬季从陆地进入海面后风向右偏，风速增强，但整个风向大势一致，冬季为 NW 向风，夏季为 S-SE 向风。

冬季，在大陆高压和阿留申低压活动影响下，黄渤海区多偏北大风，平均风速为 6~7 m/s，南黄海海面宽阔，平均风速增至 8~9 m/s；伴随强偏北大风，常有冷空气或寒潮南下，风力可达 24.5 m/s 以上，在渤海及北黄海沿岸，气温可剧降 15℃，间或降大雪，是冬季的主要灾害性天气。寒潮有时能引发风暴潮，如 1969 年 4 月莱州湾的羊角沟增水达 3.77 m。春季季风交替，偏南风增多，至 6~8 月，盛行偏南风，平均风速为 4~6 m/s。但遇到有出海气旋或台风北上时，风力也可增至 24 m/s 以上，又常伴有暴雨或者引发风暴潮，是夏季的主要灾害性天气。例如，1972 年的 3 号台风、1985 年的 9 号台风及 2018 年的 18 号台风都曾经到达渤海，造成了严重的风灾和风暴潮灾。黄渤海的大风带通常位于辽东湾、渤海海峡至山东半岛成山角一带及开阔海域的南黄海中部和南部。整个黄渤海及部分东海四季海面平均风速的空间分布如图 1.5 所示，其中风场数据采用欧洲中期天气预报中心(ECMWF)的后预报风数据(ERA-Interim，2015~2017 年)。

图 1.5 给出了 4 个代表点的风玫瑰图来描述渤海(P1)、黄海(P2、P3)及东海(P4)的风场特征，其中 4 个代表点的位置见图 1.6。渤海以 NNE、NE 和 SW 向为主，北黄海以 NNE、SSE 和 S 向为主，南黄海以 S、SSE 和 SSW 向为主，而东海则以 S 和 SSW 向为主。就风速大小而言，渤海海域大部分风速位于 10 m/s 以下，少量位于 10~15 m/s，黄海 10~15 m/s 风速所占比例显著多于渤海，东海区域风速 10~15 m/s 所占比例更高。

1.2.4 潮汐与余流

潮汐是海水在天体引力作用下产生的一种周期性运动，其主要周期大约为半天或一天，还有半月、月、年及多年等长周期变化。白天的水位周期性涨落为潮，晚上的称汐。潮汐水位的上涨称为涨潮，涨潮至最高水位是高潮位；潮汐水位下降称为落潮，落潮至最低水位是低潮位，高潮位和低潮位之差称为潮差。

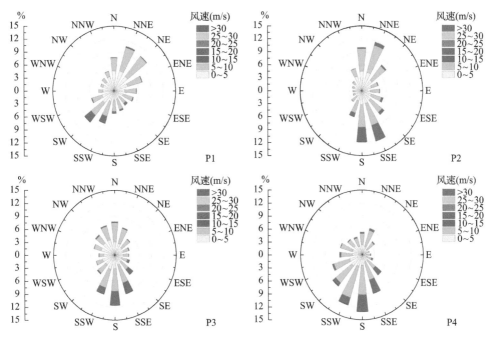

图 1.5　渤海(P1)、黄海(P2、P3)和东海(P4) 4 个位置的风玫瑰图

(ERA-Interim,2015～2017 年)

潮汐类型通常由 $F_1=(A_{K_1}+A_{O_1})/A_{M_2}$ 的量值确定，其中 A_{K_1}、A_{O_1} 和 A_{M_2} 分别是 K_1、O_1 和 M_2 分潮的振幅。当 $F_1 \leqslant 0.5$ 时，潮汐类型定义为半日潮，在一个太阴日内(约 24 小时 50 分钟)发生两次高潮和两次低潮，且相邻的高潮(低潮)的振幅大致相等，涨、落潮持续时间也很接近；当 $F_1 > 4.0$ 时，潮汐类型定义为日潮，在一个太阴日内只有一次高潮和一次低潮，且在半个月内连续出现 7d 以上，其余少数几天为半日潮；当 $0.5 < F_1 \leqslant 4.0$ 时，潮汐类型定义为混合潮，混合潮又分为不规则半日潮混合潮($0.5 < F_1 \leqslant 2.0$)和不规则日潮混合潮($2.0 < F_1 \leqslant 4.0$)。不规则半日潮混合潮是潮汐在朔望前后多数天里并在一个太阴日内有两次高潮和两次低潮的不规则半日潮，而且两次高潮和两次低潮的潮高不等，潮时也不等；不规则日潮混合潮是潮汐在一个朔望月中出现一天一次高潮和一次低潮的天数不到一半，而多数天为一天两次高潮和两次低潮的不规则半日潮。

黄渤海的潮波系统比较复杂，全日潮、半日潮、混合潮一应俱全(吴俊彦等，2008)。渤海海峡为规则半日潮，秦皇岛及老黄河口海域为规则日潮和不规则日潮，辽东湾、渤海湾、莱州湾及渤海中央部分为不规则半日潮。成山角外 M_2 分潮无潮点附近为不规则全日潮和不规则半日潮，苏北外海 M_2 分潮无潮点及济州岛附近为不规则半日潮，黄海其余的海域为半日潮区。

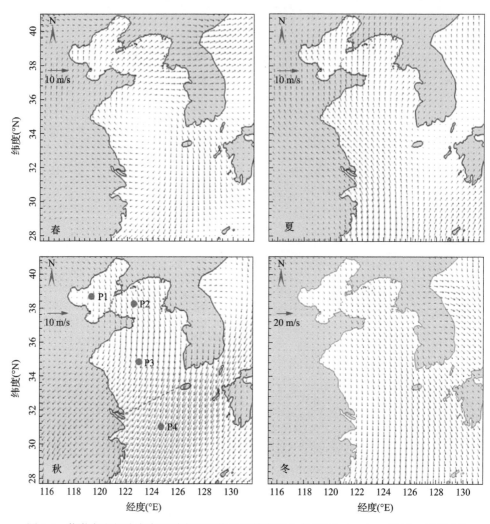

图 1.6　黄渤海和部分东海四季海面平均风速的空间分布(ERA-Interim，2015～2017 年)

　　潮差是指在一个潮汐周期内，相邻高潮位与低潮位间的差值。潮差大小受引潮力、地形和其他条件的影响，随时间及地点而变化。中国大陆沿岸潮差一般为 2～4 m，成山角附近最小，还不到 2 m，但是西岸也有潮差较大之处，如弶港至小洋口一带，平均可达 3.9 m 以上(张江泉等，2013)。渤海潮差为 2～3 m，渤海海峡潮差平均为 2 m 左右。沿岸平均潮差以秦皇岛附近最小，不到 2 m；最大在辽东湾顶，营口达 5.4 m，其次在渤海湾顶，塘沽达 5.1 m。潮差一般是海区中部小而近岸大，东岸一般又比西岸大(乔方利，2012)。基于中国沿海大量的验潮站数据(付延光等，2016)，图 1.7 给出了中国沿海的平均大潮差和平均高潮位。

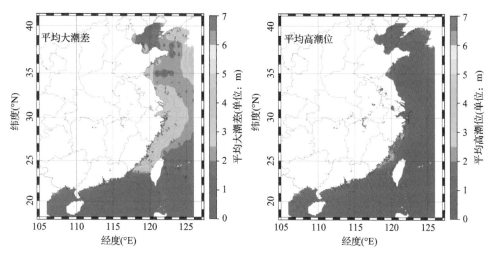

图 1.7 中国沿海平均大潮差和平均高潮位的空间分布(付延光等，2016)

图 1.8 给出了黄渤海的 S_2、M_2、K_1 和 O_1 4 个主要分潮的同潮图，其中海洋模式 FVCOM(Chen et al., 2003)应用于分潮的计算，边界水位依据美国俄勒冈州立大学全球潮汐模式(http://volkov.oce.orst.edu/tides/)提供的各分潮调和常数获得。如图 1.8 所示，M_2 分潮是黄渤海最重要的半日分潮，其中渤海存在两个 M_2 分潮的无潮点，即秦皇岛外海和黄河口以东海域。黄海成山角东北侧和连云港外海也存在 M_2 分潮的无潮点。渤海海域辽东湾、渤海湾和莱州湾的湾顶处，M_2 分潮振幅明显大于渤海中央海盆。另一个主要的半日分潮——S_2 分潮的振幅则明显小于 M_2 分潮的振幅，S_2 分潮的无潮点出现在成山角以东海域和连云港外海。K_1 和 O_1 是黄渤海重要的全日分潮，其中渤海海峡南部和黄海中部各存在一个 K_1 分潮的无潮点，O_1 分潮的无潮点位置与 K_1 分潮的无潮点位置相近。

潮流是潮汐垂直涨落时引起的水体周期性水平运动。海水的运动不仅有周期性的潮流，还有非周期性的风海流、密度流等海流。实际潮流观测中所测的流速、流向是潮流和海流的总合。与潮汐类型相似，潮流类型采用潮流类型系数 $F_2 = (B_{K_1} + B_{O_1}) / B_{M_1}$ 来确定，式中 B_{K_1}、B_{O_1}、B_{M_1} 为各分潮潮流平均最大流速。将 $F_2 \leqslant 0.5$、$0.5 < F_2 \leqslant 2.0$、$2.0 < F_2 \leqslant 4.0$ 和 $F_2 > 4.0$ 分别确定为规则半日潮流、不规则半日潮流、不规则全日潮流和规则全日潮流。

在渤海海域，辽东湾、渤海湾和莱州湾西部为规则半日潮流，渤海中部至渤海海峡为不规则半日潮流，龙口附近及渤海海峡东南部为不规则全日潮流。就黄海而言，烟台附近海域为规则全日潮流和不规则全日潮流，再往外为不规则半日潮流。黄海北部及山东半岛以南至长江口一带为规则半日潮流，其余南黄海海域为不规则半日潮流。

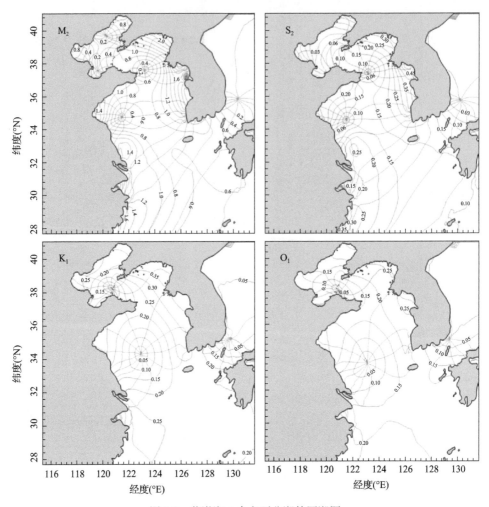

图 1.8　黄渤海 4 个主要分潮的同潮图

　　潮流的大小与潮差成正比，黄渤海除个别地方外，都是正规半日潮流和不正规半日潮流。渤海潮流的流速一般为 0.5～1.0 m/s，葫芦岛、秦皇岛及登州头附近为 1.2～1.5 m/s，渤海海峡老铁山水道近岸最大潮流流速可达 3.0 m/s。黄海潮流多为回转式，海区中央流速小，约 0.5 m/s，近岸大，且东岸比西岸大。我国沿岸在 1.0 m/s 左右，个别地区达 1.5 m/s，最大流速出现在成山角附近，可达 1.5～2.0 m/s(乔方利，2012)。

　　由于海底摩擦、海底地形及边界形状复杂等，水质点经过一个潮周期后一般不会回到原来的位置，这种潮流非线性现象导致的余流称为潮余流。潮余流是潮流导致的悬浮物净输运的主要动力。潮余流有两种不同的表示方法，欧拉余流和拉格朗日余流。欧拉余流是潮流在一个周期内的平均值，而拉格朗日余流是欧拉余流和 Stokes 漂流之和。数值模式模拟的黄渤海 M_2 分潮欧拉余流和拉格朗日余流分布表明，欧拉余流和拉格朗日余流的分布趋势与强余流分布基本相似(林珲，2000)。M_2 分潮潮余流的分布趋势是：外海余流值很小，最大为 2 cm/s，分布比较有规律；近岸余流很强，最大值超过 5 cm/s，分布比较零乱；渤海的强潮余流区在黄河口、渤海海峡北部和辽东湾内；黄海余流较强，强余流区在苏北沿岸、西朝鲜湾和济州岛附近(边昌伟，2012)。图 1.9 给出了黄渤海按 HYCOM 计算的年平均潮余流表层分布，其中潮余流数据是 2017 年的 24 h 平均余流数据，数据空间分辨率为 $(1/12)°$，时间分辨率为 1 d。

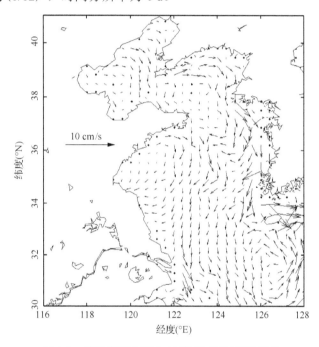

图 1.9　黄渤海潮余流分布(数据来自 HYCOM)

1.2.5　海浪

海浪通常指海洋中由风产生的波浪，主要包括风浪和涌浪。在不同的风速、风向和地形条件下，海浪尺寸的变化很大，通常波高为几十厘米到几十米，波浪周期为几秒到数十秒。一般而言，风作用于海面时间越长，风吹的海域范围越大，生成的海浪就越大；当风浪达到充分成长状态时，便不再继续增大。风浪离开风吹海域后所形成的波浪称为涌浪。海浪水质点运动产生动能，波面起伏能生成势能，波浪总能量是动能和势能之和。

黄渤海是季风最发达的区域之一，范围大，势力强。夏季盛行南向季风，风速最弱，平均风速 4～7 m/s；冬季盛行北向季风，风速最强，平均风速 5～10 m/s。同样地，风生的风浪和涌浪也是冬季强、夏季弱。渤海和黄海的有效波高 H_s 空间分布见图 1.10，波浪数据来源于欧洲中期天气预报中心（ECMWF）后预报数据 ERA-Interim（1981～2015 年），空间分辨率为 0.125°，时间分辨率为 6 h。

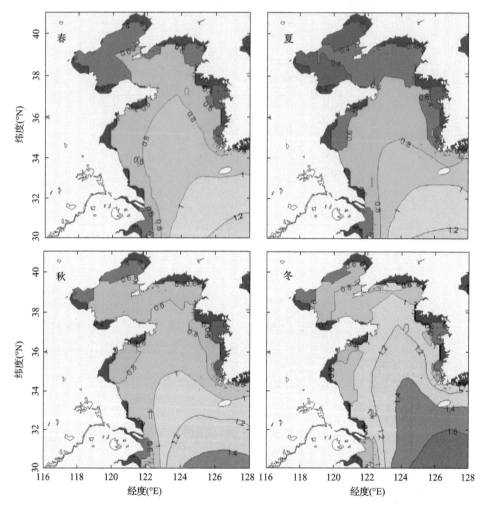

图 1.10　黄渤海四季平均有效波高空间分布（ERA-Interim，1981～2015 年）

冬季渤海沿岸结冰，无海浪观测资料，其波高分布由近岸向海区中央逐渐增大、由西向东逐渐增大，渤海三大海湾口（辽东湾口、渤海湾口和莱州湾口）的平均波高为 0.6 m，渤海中部和渤海海峡附近平均波高为 0.8 m，冬季黄海波高分布与海岸线大致平行，1.0 m 波高线从黄海南部一直向北延伸到渤海海峡外侧；黄海波高为 0.9～1.9 m。冬季东海波高的分布趋势为：西侧小，东侧大，南部大，北部小。夏季渤海的波高小于冬季，平均波高在 0.4 m 左右。夏季黄海风浪波高也小于冬季，平均波高为 0.5～1.0 m。

冬季渤海的波周期为 2.0～3.0 s，冬季黄海的风浪周期为 2.0～5.0 s，最大波周期一般出现在南黄海西侧海州湾外。夏季渤海的波周期在 3.0 s 之内，夏季黄海的波周期为 2.0～5.0 s。

1.3 黄渤海海岸带特征及自然灾害

1.3.1 海岸带特征

海岸带是海陆之间相互作用的地带。我国地质构造背景十分特殊，再加上南北气候分带的特点，因此我国海岸带类型丰富。海岸带类型主要划分为基岩海岸、砂砾质海岸、淤泥质海岸、红树林海岸、珊瑚礁海岸和河口六大类型，在其不同分布范围内有其相应的分布特征(陈吉余，1993；何起祥，2006)。大陆海岸带划分为两大类型，即松散沉积物海岸带(Ⅰ)和基岩海岸带(Ⅱ)；每一大类又分三小类，即较粗颗粒底质(Ⅰ$_1$)、细颗粒底质(Ⅰ$_2$)、水动力条件与岩性复杂类(Ⅰ$_3$)3 个松散类海岸带亚类和砾砂粗粒底质(Ⅱ$_1$)、砂砾石台地(Ⅱ$_2$)、水下岸坡或台地(Ⅱ$_3$)3 个基岩类海岸带亚类(朱志伟等，2008)。

黄渤海的海岸带类型见图 1.11。海州湾、莱州湾地区基本为较粗颗粒底质的

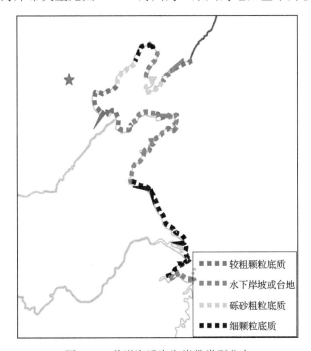

▪▪▪▪	较粗颗粒底质
▪▪▪▪	水下岸坡或台地
▪▪▪▪	砾砂粗粒底质
▪▪▪▪	细颗粒底质

图 1.11 黄渤海沿海海岸带类型分布

松散类海岸带亚类（I₁），辽东湾海域海岸带主要为细颗粒底质（I₂），河北北部沿海海岸带为砾砂粗粒底质（II₁），其余区域海岸带以水下岸坡或台地（II₃）为主。就黄海而言，山东半岛海岸带以较粗颗粒底质和水下岸坡或台地（II₃）为主，而江苏附近海岸带则以细颗粒底质（I₂）为主。

中国沿海有许多大江、大河和中小河流，直接流入海域的较大河流约有 60 条，携带的悬移质入海的平均泥沙量约为 20×10^8t/a，其中约 60.0%输入渤海，约 31.3%注入东海，约 4.8%流入南海，仅有约 0.7%注入黄海。黄渤海的主要入海河流分布见图 1.12。渤海的主要入海河流有黄河、海河、辽河和滦河。黄河的输沙量在世界上排第 2，每年向渤海排放约 4.6×10^8t 泥沙（黄海军等，2004）。70%～90%的黄河排放泥沙都沉积在河口附近，形成黄河口泥质区。只有 10%～30%的泥沙被输运到河口以外的区域（Alexander et al.，1991）。1128～1855 年，黄河从江苏流入南黄海并向南黄海排放了大约 250 km³ 的泥沙，在江苏沿岸形成了苏北浅滩泥质区（Liu et al.，2002）。海河在大沽口注入渤海，年均径流量约为 264 亿 t，年均输沙量约为 11.9 万 t。辽河注入渤海的辽东湾，年均径流量约为 86 亿 t，年均输沙量约为 872 万 t，其中输沙主要集中在 8 月。滦河在河北乐亭注入渤海，年均径流量约为 46 亿 t，年均输沙量约为 2270 万 t，但是自从建了潘家口水库后，滦河的入海输沙量锐减约为 103 万 t（边昌伟，2012）。

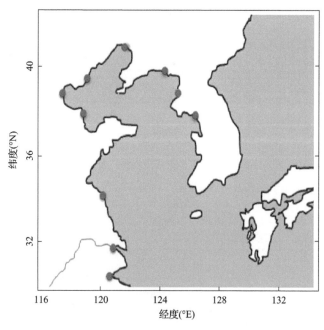

图 1.12　黄渤海的主要入海河流

黄海的主要入海河流有淮河、鸭绿江、大同江、汉江等。鸭绿江在辽宁丹东注入黄海，年均径流量约为 289.5 亿 t，多年平均的年输沙量约为 113 万 t，最大年输沙量约为 373 万 t，输沙量最大值多出现于 8 月。淮河在江苏注入黄海，年均径流量约为 621 亿 t，年均输沙量约为 1170 万 t。汉江注入江华湾最后流入黄海，年均径流量约为 180.6 亿 t，年均输沙量约为 440 万 t(边昌伟，2012)。

1.3.2　海岸带自然灾害

我国大陆海岸带，集中了全国 70%以上的大中城市，超过 100 万人口的大城市有 15 座，仅占陆域国土面积 13%的沿海经济带承载着全国 42%的人口，创造全国 60%以上的国内生产总值(丁平兴，2013)。黄渤海周边人口密集，尤其是天津、烟台、青岛及苏北沿海区域。

中国沿海地区高程分布不均，长期遭受多种海洋灾害侵扰，以风暴潮、海洋巨浪、海冰、赤潮和绿潮等灾害为主，海平面变化、海岸侵蚀、海水入侵及土壤盐渍化等灾害也有不同程度发生。2018 年我国各类海洋灾害共造成的直接经济损失约为 48 亿元，死亡 73 人(含失踪)，其中风暴潮灾害占总损失的 93.3%，造成死亡人数最多的海洋灾害是海洋巨浪，占总死亡人数的 95.9%。2009～2018 年，我国沿海主要海洋灾害造成的直接经济损失和死亡人数见图 1.13，年均直接经济损失约为 98 亿元，年均死亡(含失踪)人数 71 人，最高死亡人数 121 人/年，最大经济损失超过 160 亿元/年。

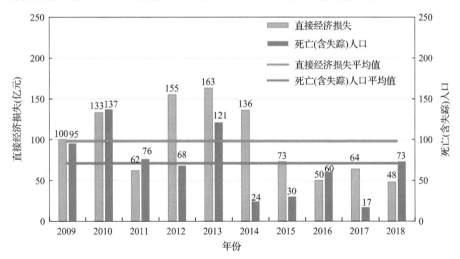

图 1.13　2009～2018 年我国主要海洋灾害造成的直接经济损失和死亡人数分布

我国东靠太平洋，属于热带气旋高发区域，沿海地区均有可能登陆热带气旋，并且东南部地区更是频繁遭受热带气旋侵害。西北太平洋 1949～2017 年遭受的热带气旋路径分布见图 1.14，其中台风数据来源于中国气象局西北太平洋(CMA-STI)热带气旋最佳路径数据集(1949～2017 年)，采用 Saffir-Simpson 热带气旋等级分类法将热带气旋分为三大类：热带低压(tropical depression，TD)($<$18 m/s)、热带风暴(tropical storm，TS)(18~33 m/s)和台风($>$33 m/s)，而台风又可以分为 5 个等级(C_1=33~43 m/s，C_2=43~50 m/s，C_3=50~56 m/s，C_4=56~67 m/s，$C_5>$67 m/s)。对黄渤海地区而言，以热带低压和热带风暴为主，只有少数热带气旋可以达到台风 C_2 级别。在热带气旋影响下，常常会发生大雨、狂风、巨浪及风暴增水等自然灾害。

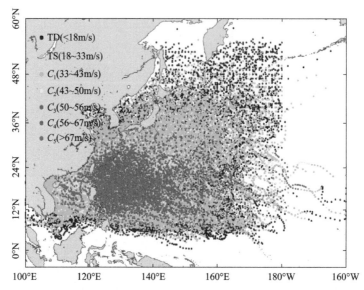

图 1.14　中国沿海的热带气旋路径分布[引自中国气象局热带气旋资料中心
(http://tcdata.typhoon.org.cn/)西北太平洋热带气旋最佳路径数据集(1949~2017 年)]

　　在冬、春季期间，黄渤海地区在寒潮大风影响下，或者夏秋季台风影响下，比较容易引发风暴潮灾害。风暴潮是由风暴增水和天文潮叠加而成，其中风暴增水是由风暴飓风产生的增/减水和风暴低气压中心引起的增水两部分叠加的结果。风暴潮影响的空间区域/长度一般为几十千米到上千千米的海岸线，时间尺度为几小时到几天。风暴增水量主要取决于风暴本身的特性(如风暴强度、最大风速半径、中心气压差、移动速度和方向)、受灾区域的海岸/河口形状、岸上及海底地形等要素。历史风暴潮灾害给沿海及海岛国家带来了巨大的经济损失和惨重的人员伤亡：1949~1995 年中国沿海地区就发生了 3 次死亡千人以上的特大风暴潮灾害。

　　除风暴潮外，黄渤海因台风过境引起的风暴浪或者传播到海域的台风涌浪也是重要灾害因素之一。风暴巨浪导致海岸淹没的主要原因是波浪增水(wave set-up)和波浪爬高(wave run-up)。波浪增水是波浪在破碎过程中引起水表面抬高的现象，随着水深的减小而增大(You and Nieslen，2013)。海岸波浪增水的物理含义是，大波浪的海岸线位置要比小波浪的海岸线位置高，而且还向内陆平推了一段距离，使得大波浪和海滩/沙丘之间的相互作用更加强烈。波浪爬高是指波浪上冲海岸线以上的高度，是波浪在上爬岸滩的过程中波动能转换成波势能的一个物理过程（You and Nielsen，2013）。大量的国外现场数据已经表明，风暴波浪增水和爬高是引起砂质海岸淹没、侵蚀的重要因素，风暴潮是导致砂质海岸淹没和侵蚀的另一个要素。

海岸侵蚀灾害在中国超过 1.8 万 km 的大陆海岸线和超过 1.4 万 km 的岛屿岸线上普遍存在。几乎所有开敞的淤泥质海岸和约 70%的砂质海岸在不同程度上均受到侵蚀（季子修，1996）。渤海、黄海、东海和南海沿岸普遍受到侵蚀后退，海岸线被侵蚀的长度分别是 46%、49%、44%、21%；环渤海的砂质海岸在近几十年间受到更严重的海岸侵蚀，岸线平均侵蚀速度为 1～2 m/a，甚至局部或短期内高达 5～8 m/a（庄振业等，2013）。

1.4　黄河三角洲环境特征

黄河是我国的母亲河，以高含沙量闻名于世。20 世纪 50 年代以前，黄河很少受到人类活动的干扰，基本处于自然状态，年均入海泥沙量为 16 亿 t，入海径流量为 480 亿 m³，入海泥沙量巨大，因而黄河三角洲面积迅速增长（张佳，2011；潘彬，2017）。

1855 年以后，黄河在山东利津县以下冲积成三角洲，以垦利县宁海乡为顶点，北到徒骇河口，南到小清河口，主体在东营市境内呈扇状三角形的地区，地面平坦，在海拔 10 m 以下。现代黄河三角洲以垦利区渔洼村为顶点，北起挑河，南至宋春荣沟，面积 2200 km²，如果将各个年份形成的前沿湿地及最新由黄河携带泥沙堆积形成的前沿湿地一同包含在内的话，黄河三角洲大致范围如图 1.15 虚线范围内所示。

黄河每年携带大量的泥沙，在入海口进行淤积、延伸、摆动等，不仅直接影响黄河三角洲的发育，还对三角洲岸线、地形等方面也有巨大影响。自 20 世纪 50 年代后，随着气候变化、降水等自然因素及工农业用水量、水库建设等人为因素的影响和干预，黄河入海径流量呈显著下降的趋势（樊辉等，2009）。根据利津站 1950～2011 年的统计资料，黄河的年径流量和年输沙量总体呈现下降的趋势，入海水、沙量分别以–8.1 亿 m³/a 和–0.23 亿 t/a 的速度在大幅下降，而且在汛期阶段的变化幅度要明显大于非汛期阶段，尤其以入海沙量的变化更为显著。从多年水、沙量的年平均值来看，黄河入海水、沙量分别约为 306.12 亿 m³ 和 7.28 亿 t。黄河入海水、沙量主要集中在伏秋大汛的 7～10 月，入海水、沙量分别占全年的 60%、84%（图 1.16）。

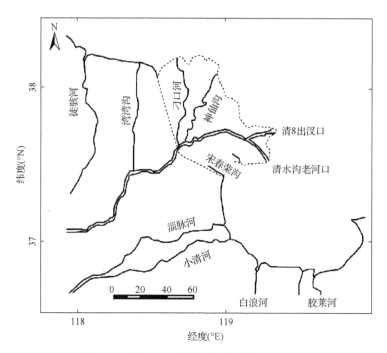

图 1.15　黄河口三角洲示意图(潘彬，2017)

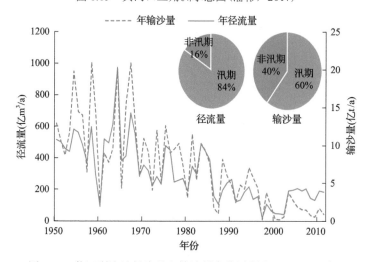

图 1.16　黄河利津站径流量和输沙量变化过程(1950～2011 年)

　　黄河三角洲处于中纬度地带，受欧亚大陆和太平洋的共同影响，属于暖温带大陆性季风气候，主要特征为受季风气候影响显著，由于濒临渤海，因此表现为既具有大陆性气候、又具有海洋性气候的特征，秋冬多偏北风，春夏多偏南风，冬寒夏热，四季分明。春季，干旱多风，早春冷暖无常，常有倒春寒出现，晚春回暖迅速，常发生春旱；夏季，炎热多雨，温高湿大，有时受台风侵袭；秋季，气温下降，雨水骤减，天高气爽；冬季，天气干冷，寒风频吹，雨雪稀少，主要风向为北风和西北风。黄河三角洲四季温差明显，统计资料显示，年平均气温11.7~12.6℃，7 月平均气温 25.8~26.8℃，1 月平均气温 3.4~4.2℃，极端最高气温 41℃，极端最低气温–22℃（吴国栋，2017）。

黄河三角洲位于渤海凹陷西南部，受北东向和北西向构造控制，属中、新生代断块——凹陷盆地（刘玉斌，2017）。黄河三角洲的母质为黄河冲积物，受长期自然成土过程和人为作用的影响，形成了以潮土、盐土为主的土壤类型。潮土主要分布于河滩高地、微斜平地及地势低洼地；盐土主要分布于近海一带高程 3.5 m以下的滩涂，呈带状分布。黄河三角洲土壤有两个明显特征：一是土壤含盐量过高；二是土壤水分和有机质分布不均匀（宋家敬等，2016；刘玉斌，2017）。

黄河三角洲属于温带落叶阔叶林区，区内无地带性植被类型，植被的分布主要受水分土壤含盐量、潜水水位与矿化度、地貌类型的制约及人类活动的影响。该地区植物群落的特点是植被结构简单、类型少，以草甸景观为主，木本植物很少。

黄河三角洲平原地势平缓，西南高、东北低，沿黄河走向自西南向东北倾斜，高程由约 13 m 降至约 1 m，自然坡降约为 1/10 000（Dale et al.，2000）。黄河三角洲地面的主要分水岭以黄河河床为骨架，三角洲表面分布着砂、黏土不同的土体结构和盐化程度不一的各类盐渍土。黄河是黄河三角洲地貌类型的塑造者，其地貌受近现代黄河三角洲发育演变过程的控制，形成了大平、小不平，以岗、坡、洼地相间排列为主的微地貌，类型多样，形态复杂（Shchepetkin and McWilliams，2005）。

参 考 文 献

边昌伟. 2012. 中国近岸泥沙在渤海、黄海和东海的输运. 中国海洋大学博士学位论文.

陈吉余. 1993. 中国海岸带和海涂资源综合调查专业报告集: 中国海岸带地质. 北京: 海洋出版社.

丁平兴. 2013. 近 50 年我国典型海岸带演变过程与原因分析. 北京: 科学出版社.

樊辉, 刘艳霞, 黄海军. 2009. 1950-2007 年黄河入海水沙通量变化趋势及突变特征. 泥沙研究,(5): 9-16.

付延光, 申宏, 孙维康, 等. 2016. 中国海域潮汐非调和常数的计算与分析. 海洋技术学报, 35(1): 79-83.

何起祥. 2006. 中国海洋沉积地质学. 北京: 海洋出版社.

黄海军, 李凡, 张秀荣. 2004. 长江、黄河水沙特征初步对比分析. 海洋科学集刊, (46): 79-90.

季子修. 1996. 中国海岸侵蚀特点及侵蚀加剧原因分析. 自然灾害学报, 5(2): 65-75.

蒋德才, 刘百桥, 韩树宗. 2005. 工程环境海洋学. 北京: 海洋出版社.

李家彪. 2012. 中国区域海洋学——海洋地质学. 北京: 海洋出版社.

林珲. 2000. 东中国海潮波系统与海岸演变模拟研究. 北京: 科学出版社.

刘玉斌. 2017. 黄河改道对三角洲湿地演变的影响研究. 山东师范大学硕士学位论文.

潘彬. 2017. 黄河入海水沙对三角洲前沿湿地的影响研究. 山东师范大学硕士学位论文.

乔方利. 2012. 中国区域海洋学——物理海洋学. 北京: 海洋出版社.

乔淑卿, 石学法, 王国庆, 等. 2010. 渤海底质沉积物粒度特征及输运趋势探讨. 海洋学报, 32(4): 139-147.

宋家敬, 刘月梁, 朱书玉, 等. 2016. 山东黄河三角洲自然保护区详细规划(2014-2020). 北京: 中国林业出版社..

孙湘平, 姚静娴, 黄易畅, 等. 1981. 中国沿岸海洋水文气象概况. 北京: 科学出版社.

王双. 2014. 黄渤海表层沉积物磁学特征及其环境指示意义. 中国海洋大学硕士学位论文.

王伟. 2008. 北黄海表层沉积物粒度分布特征及其对沉积环境的指示. 中国科学院研究生院(海洋研究所)硕士学位论文.

吴国栋. 2017. 黄河三角洲风暴潮特征和灾害风险分析. 国家海洋局第一海洋研究所硕士学位论文.

吴俊彦, 肖京国, 成俊, 等. 2008. 中国沿海潮汐类型分布特点. 桂林: 中国测绘学会九届四次理事会暨学术年会.

徐刚. 2010. 南黄海西部陆架区底质沉积物沉积特征与物源分析. 中国海洋大学硕士学位论文.

徐晓达, 曹志敏, 张志珣, 等. 2014. 渤海地貌类型及分布特征. 海洋地质与第四纪地质, 34(6): 171-179.

张佳. 2011. 黄河中游主要支流输沙量变化及其对入海泥沙通量的影响. 中国海洋大学硕士学位论文.

张江泉, 郑崇伟, 李荣川, 等. 2013. 渤黄海风、浪、流等海洋水文要素特征分析. 科技资讯, (31): 112-115.

朱志伟, 高茂生, 朱远峰. 2008. 海岸带基本类型与分布的定量分析. 地学前沿, 15(4): 315-321.

庄振业, 杨燕雄, 刘会欣. 2013. 环渤海砂质岸侵蚀和海滩养护. 海洋地质前沿, 29(2): 1-9.

Alexander C R, DeMaster D J, Nittrouer C A. 1991. Sediment accumulation in a modern epicontinental-shelf setting: the Yellow Sea. Marine Geology, 98(1): 51-72.

Chen C, Liu H, Beardsley R C. 2003. An unstructured grid, finite-volume, three-dimensional, primitive equations ocean model: application to coastal ocean and estuaries. Journal of Atmospheric and Oceanic Technology, 20(1): 159-186.

Dale B H, Hernan G A, Kate H. 2000. Model evaluation experiments in the North Atlantic Basin: simulations in nonlinear terrain-following coordinates. Dynamics of Atmospheres and Oceans, 32(3-4): 239-281.

Liu J, Milliman J D, Gao S. 2002. The Shandong mud wedge and post-glacial sediment accumulation in the Yellow Sea. Geo-Marine Letters, 21(4): 212-218.

Shchepetkin A F, McWilliams J C. 2005. The regional oceanic modeling system(ROMS): a split-explicit, free-surface, topography-following-coordinate oceanic model. Ocean Modelling, 9(4): 347-404.

Wang L, Sarnthein M, Erlenkeuser H, et al. 1999. East Asian monsoon climate during the Late Pleistocene: high-resolution sediment records from the South China Sea. Marine Geology, 156(1): 245-284.

Xiao S, Li A, Liu J, et al. 2006. Coherence between solar activity and the East Asian winter monsoon variability in the past 8000 years from Yangtze River-derived mud in the East China Sea. Palaeogeography, Palaeoclimatology, Palaeoecology, 237(2-4): 293-304.

You Z J. 2017. Assessment of coastal inundation and erosion hazards along the coast of China. San Francisco: Int. Ocean and Polar Engineering Conf.: 25-30.

You Z J, Chen C. 2018. Coastal dynamics and sediment resuspension in Laizhou Bay//Wang XH. Sediment Dynamics of Chinese Muddy Coasts and Estuaries: Physics, Biology and Their Interactions. Salt Lake City: Academic Press.

You Z J, Nielsen P. 2013. Extreme coastal waves, ocean surges and wave runup//Finkl C W. Coastal Hazards. Dordrecht: Springer: 677-733.

第 2 章

黄河三角洲土地利用方式对土壤有机碳和碳酸盐的影响*

* 卢同平，王秀君，北京师范大学全球变化与地球系统科学研究院
郭洋，Institute of Biological and Environmental Science
李远，骆永明，中国科学院烟台海岸带研究所

土壤碳库作为陆地生态系统碳库之最，其储量超过生物圈和大气圈碳储量的总和。土壤碳库又包含两大碳库，即有机碳库和无机碳库，无论是全球尺度还是中国区域，有机碳储量与无机碳储量的差异并不大。长期以来，无论是自然生态系统还是农业生态系统，有机碳库的肥力特性和巨大的碳汇/源功能使其备受关注。但出于认识的局限性，对土壤无机碳库的关注度相对较低，只是近期，无机碳才回归科学家的视野。

人类活动对土地利用方式的影响日益加剧，而土地利用方式的改变会对土壤碳储量产生重要影响。不同植被覆盖类型有着不同的根际系统和生物量，从而有着不同的碳储量特征。就农田生态系统而言，不同的农田管理措施(如施肥、灌溉，配种等)均会对土壤有机碳(SOC)和无机碳(SIC)产生重要影响。例如，Wang 等(2015b)的研究显示，在中国西北地区，农田的 SOC 和 SIC 均显著高于自然土壤，且发现多种生态系统中 SIC 与 SOC 均存在显著的正相关关系。

然而，在盐碱化较为严重的黄河三角洲，有关土地利用方式对土壤碳的影响却缺乏系统研究，尤其对土壤碳酸盐的研究更是其少。因此，研究黄河三角洲不同土地利用方式下土壤有机碳和碳酸盐的分布特征、相互关系及其驱动因素，具有重要的现实和科学意义。

2.1　黄河三角洲不同土地利用方式下土壤的基本理化特性

为了研究黄河三角洲土地利用方式对土壤有机碳和碳酸盐的影响，本章选择4 种土地利用方式(小麦-玉米轮作、棉花、水稻、芦苇)进行采样点布局，采集土壤剖面(0～20 cm、20～40 cm、40～60 cm、60～80 cm、80～100 cm)样品，测试土壤 pH、电导率(EC)、溶解固体总量(TDS)、水溶性盐离子含量、SOC 含量和全氮(TN)含量等土壤理化特性。整体来看，除 pH 和水溶性 Mg^{2+} 在整个剖面(0～100 cm)垂直分布上无显著差异($P>0.05$)外，EC、TDS、SOC、TN、C：N 在垂直分布上均存在显著差异($P<0.05$)，其中 TDS 和 EC 具有类似的变异性，表现为表层(0～20 cm)、中层(20～60 cm)和下层(60～100 cm)3 个明显分异层(表 2.1)。水溶性 Ca^{2+} 在 20 cm 以上和以下表现出显著差异($P<0.05$)。SOC 和 TN 变化同步，均随深度增加而减小，其中表层中的含量显著高于中、下层。除 60～80 cm 的均值高于 10 之外，其余土壤层 C：N 均低于 10，尤以 20～40 cm 土层最低(7.8±1.9)。

表 2.1　黄河三角洲土壤基本理化性质在不同深度上的平均值 ± 标准差

土层 (cm)	pH	EC (μS/cm)	TDS (g/kg)	Ca²⁺(g/kg)	Mg²⁺(g/kg)	SOC (g/kg)	TN (g/kg)	C∶N
0~20	8.4±0.25a	539±437b	1.37±1.1b	0.14±0.09a	0.05±0.03a	7.2±1.6a	0.60±0.4a	9.5±1.9b
20~40	8.6±0.29a	482±310c	1.23±0.8c	0.10±0.04b	0.04±0.02a	3.3±0.7b	0.33±0.2b	7.8±1.9c
40~60	8.6±0.27a	512±281c	1.30±0.7c	0.09±0.03b	0.04±0.03a	2.7±0.6bc	0.23±0.2c	9.2±2.4bc
60~80	8.6±0.35a	552±270a	1.40±0.7a	0.09±0.03b	0.04±0.02a	2.5±0.6c	0.21±0.2c	11.2±7.7a
80~100	8.6±0.37a	564±278a	1.43±0.7a	0.09±0.03b	0.05±0.04a	2.1±0.5c	0.20±0.2c	9.3±5.1bc

注: 表中同列相同字母表示在 0.05 水平上未达到显著水平(LSD 多重比较分析)

　　就不同土地利用方式而言, 研究区旱地耕作(小麦-玉米、棉花)土壤的 pH (8.42、8.65)显著低于水稻土(8.83)(表 2.2), 而以芦苇为主的自然湿地土壤 pH (8.59)稍低于水稻土。不同土地利用方式下的 EC 均值差异显著, 最大和最小值分别在芦苇地(769 μS/cm)和水稻土(297 μS/cm), 而旱地耕作土壤的 EC 均值居于二者之间, 为 516 μS/cm、569 μS/cm。很明显, TDS 和水溶性 Ca²⁺、Mg²⁺含量在不同土地利用方式间的分布不同, 旱地耕作土壤最高(1.30 g/kg, 1.45 g/kg; 0.09 g/kg, 0.13 g/kg; 0.05 g/kg, 0.06 g/kg), 自然湿地土壤次之(1.96 g/kg, 0.11 g/kg, 0.05 g/kg), 水稻土最小(0.75 g/kg, 0.09 g/kg, 0.03 g/kg)。不同土地利用方式间的水溶性钾离子(K⁺)、钠离子(Na⁺)含量无显著差异。

表 2.2　黄河三角洲不同土地利用方式下 1 m 土壤剖面基本理化特性均值(标准差)

土地利用方式	pH	EC (μS/cm)	TDS (g/kg)	Ca²⁺(g/kg)	Mg²⁺(g/kg)	K⁺(g/kg)	Na⁺(g/kg)
小麦-玉米	8.42(0.21)B	516(270)AB	1.30(0.69)AB	0.09(0.03)B	0.05(0.02)AB	0.02(0.01)A	0.54(0.39)A
棉花	8.65(0.24)A	569(231)A	1.45(0.59)A	0.13(0.04)A	0.06(0.02)A	0.03(0.00)A	0.46(0.24)A
水稻	8.83(0.14)Aa	297(115)Bb	0.75(0.29)Bb	0.09(0.00)Ba	0.03(0.00)Ba	0.01(0.00)Aa	0.24(0.09)Ab
芦苇	8.59(0.18)a	769(158)a	1.96(0.40)a	0.11(0.02)a	0.05(0.02)a	0.01(0.00)a	0.72(0.16)a

注: 表中同列相同字母表示在 0.05 水平上未达到显著水平(LSD 多重比较分析), 大写字母用于小麦-玉米、棉花、水稻比较, 小写字母用于水稻和芦苇比较

2.2　不同土地利用方式下土壤有机碳和无机碳

2.2.1　土壤有机碳和无机碳的空间分布特点

　　土壤有机碳的空间分布具有明显的分层特点, 且受土地利用方式的影响较大(图 2.1)。不同土地利用方式下 SOC 在表层(0~20 cm)和亚表层(20~40 cm)的空间分布具有相似性, 其中 SOC 含量大于 8.0 g/kg 和 3.5 g/kg 的两层样点几乎全部

分布在小麦-玉米轮作土壤，其余利用方式的 SOC 含量分布在 4.48～8.0 g/kg 和 1.95～3.5 g/kg 范围，但两层的空间变异性均较大。中层(40～60 cm)较表层和亚表层，不同土地利用方式间变异减小，范围为 1.5～4.0 g/kg。中下层(60～80 cm)和下层(80～100 cm)的 SOC 空间变化类似，变异性较大，但均以 2.8g/kg 为分界值均匀分布。总体看来，表层和下层土壤的 SOC 含量远离黄河的样点要大于靠近黄河的样点，但中层无此明显的分布特征。此外，黄河下游南岸样点 SOC 含量要高于北岸。而不同土地利用方式下，小麦-玉米轮作土壤 SOC 含量最高，棉花地次之，水稻土最小，同时水稻土的空间变异性也最小，这主要与水稻土特有且相似的土壤水环境有关。

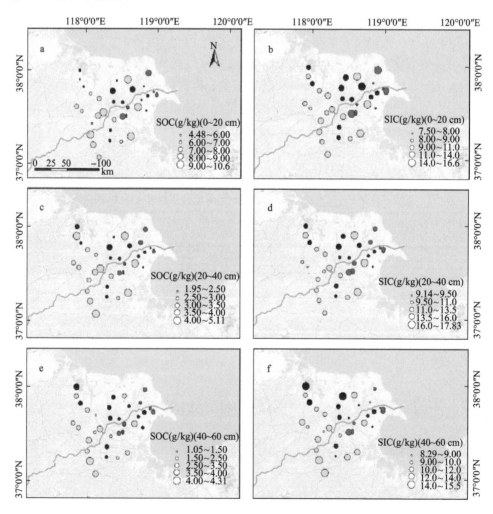

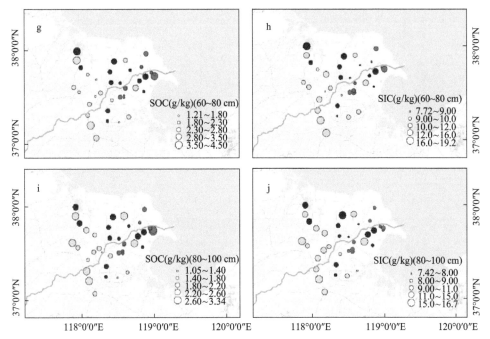

图 2.1　黄河三角洲不同土地利用方式下土壤有机碳(SOC)和无机碳(SIC)的空间分布
(图中黄色、黑色、红色和蓝色圈分别代表小麦-玉米、棉花、水稻和芦苇地)

如图 2.1 所示，表层 SIC 空间变异性相对较小，范围为 7.5～16.6 g/kg。亚表层的空间变异性进一步减小，范围为 9.14～17.83 g/kg，而中层、中下层及下层土壤的 SIC 空间变异性较大，但分布特征类似，大多分布在 10.0～14.0 g/kg、9.0～16.0 g/kg 及 8.0～15.0 g/kg。不同土地利用方式下，小麦-玉米轮作土壤的 SIC 在 0～80 cm 空间分布变异性要显著高于其他土地利用方式，其在 80～100 cm 变异性减小；其次是棉花地，但其表层 SIC 的变异性要小于其他土层；而水稻土的 SIC 各层的空间变异性最小。与 SOC 的空间分布类似，远离黄河样点的 SIC 含量要高于靠近黄河的样点。

2.2.2　土壤有机碳和无机碳的垂直分布

在不同土地利用方式下，随着土层深度的增加，SOC 含量明显减少(图 2.2)。整体上，从 0～20 cm 土层到 20～40 cm 土层，SOC 含量随深度增加锐减，减少了近 50%。旱地耕作土壤(小麦-玉米轮作、棉花地)的 SOC 均值变化范围较大(从 6.23～8.01 g/kg 到 2.11～2.17 g/kg)，但是水稻土变化范围很小，为 1.77～5.35 g/kg；芦苇地 60～80 cm 土层的 SOC 略有增大，这与芦苇根系较长有关。

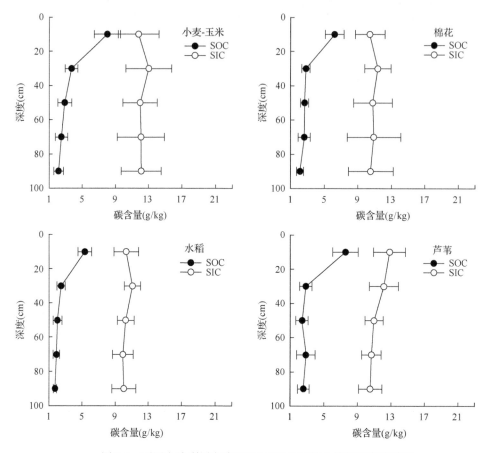

图 2.2　不同土地利用方式下 SOC 和 SIC 的土壤剖面变化特征

　　如图 2.2 所示，不同土地利用方式间的 SIC 表现出不同的变化趋势。芦苇地的 SIC 含量随土层加深呈明显减小趋势（从 0～20 cm 的 12.82 g/kg 降低到 80～100 cm 的 10.55 g/kg），水稻土除 20～40 cm 略有增加外，SIC 含量随土层加深呈减小趋势，而小麦-玉米和棉花地表层以下的 SIC 含量均高于表层，但小麦-玉米轮作土壤的 SIC 含量（11.80～13.04 g/kg）和棉花地的 SIC 含量（10.46～11.41 g/kg）在各层的变异性要大于另外两种土地利用方式。需要注意的是，除芦苇地外，其余三种土地利用方式下 20～40 cm 土层的 SIC 均值均为剖面最大值，是 SIC 形成速率的最大层。

　　整体上，SOC 和 SIC 储量在不同土地利用方式下存在显著差异（表 2.3），但二者的变化具有相似性。其中，小麦-玉米轮作土壤耕作层（0～30 cm）及下层土壤（30～100 cm）SOC 和 SIC 储量均高于其他土地利用方式；棉花和芦苇地整体剖面（0～100 cm）的 SOC 和 SIC 储量都比较接近，芦苇地略高于棉花地；水稻土中 SOC

和 SIC 储量显著低于其他土地利用方式。很明显，不同土地利用方式下无论是耕作层还是非耕作层，SOC 和 SIC 储量的高低变化是同步的，即高的 SOC 储量对应高的 SIC 储量，根据二者变化的先后特征(SOC 分解产生的 CO_2 为 SIC 形成提供主要碳源)推测 SOC 储量对 SIC 储量具有促进作用。

表 2.3 不同土地利用方式下耕作层和下层土壤有机碳和无机碳储量均值(标准差)

(单位: kg/m^2)

土地利用方式	SOC		SIC	
	0～30 cm	30～100 cm	0～30 cm	30～100 cm
小麦-玉米	2.43(0.38)	2.66(0.64)	4.58(0.92)	12.06(2.05)
棉花	2.07(0.24)	2.37(0.42)	4.40(0.52)	10.28(2.17)
水稻	1.59(0.24)	1.92(0.37)	3.81(0.35)	9.81(1.03)
芦苇	2.12(0.47)	2.52(0.51)	4.53(0.65)	10.48(0.86)

2.2.3 土壤有机碳和无机碳的关系

SIC 储量(kgC/m^2)与 SOC 储量(kgC/m^2)在 0～20 cm 和 0～100 cm 土层显著正相关($R^2=0.23$，$P<0.01$；$R^2=0.41$，$P<0.001$)，且前者斜率将近后者的 1/3 (图 2.3)，说明表层土壤较大的 SIC 形成速率主要归因于表层土壤较高的 SOC 和钙镁含量。对不同土地利用方式而言，小麦-玉米轮作土壤和棉花地土壤表层及 1 m 剖面的 SIC 与 SOC 正相关关系都达到显著水平，且二者斜率在 0～20 cm 土层分别为 1.0 和 1.02，在 0～100 cm 分别为 2.1 和 3.3。这种正相关关系与已报道的新疆焉耆盆地(Wang et al.，2014)、黄河三角洲上游(Guo et al.，2016)、华北平原(Shi et al.，2017)等的研究结果一致，但斜率不同，表明 SIC 与 SOC 的正相关关系存在区域差异。同时，对 0～100 cm 整个剖面土层 SIC/SOC 的分析发现，黄河三角洲均值为 3.4，不同土地利用方式下其比率也很相近(小麦-玉米为 3.3，棉花为 3.3，水稻为 3.9，芦苇为 3.2)，而河北平原均值为 2.2、郑州为 1.4(Shi et al.，2017)、杨凌为 1.5、焉耆盆地为 4.5(Wang et al.，2015b)、乌鲁木齐为 1.0(Wang et al.，2014)，可以看出中国北方农田土壤 SIC 储量要普遍高于 SOC 储量。很明显，焉耆盆地和黄河三角洲的 SIC/SOC 要高于其他区域，尤其是焉耆盆地要远高于其他区域。黄河三角洲与焉耆盆地具有类似的土壤盐碱化程度和 pH 环境，且均属于钙质土壤，但不同的是，后者的有机碳储量将近前者的 2 倍(Wang et al.，2015b)，且气候条件差异显著，说明土壤、气候、环境条件等因素对 SIC 的积累有很大影响(Zamanian et al.，2016)。

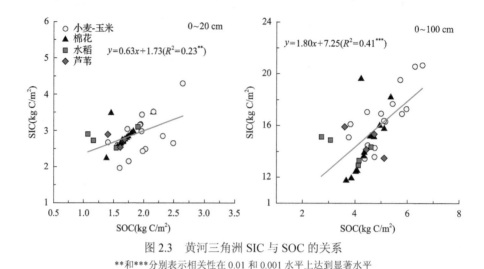

图 2.3 黄河三角洲 SIC 与 SOC 的关系

和*分别表示相关性在 0.01 和 0.001 水平上达到显著水平

对于图 2.3 中水稻土和自然土壤（芦苇地）SIC 与 SOC 呈现负相关的变化趋势，在黄土高原的表层土壤和非耕作土壤（草地、灌丛和森林）（Zhang et al.，2015；Zhao et al.，2016）及河北平原（Li et al.，2010）也有发现。一般来讲，植被覆盖度增加会使土壤有机碳增加、根呼吸作用加强，进而增加表层土壤的 CO_2 分压，形成局部酸性环境，导致无机碳的溶解与淋溶（张林等，2011）。也就是说，增加土壤有机质（soil organic matter，SOM）投入也会对无机碳含量起到负积累效应（Sartori et al.，2007）。此外，高灌溉和多次富盐水淋洗作用也会导致碳酸盐的下渗和脱钙作用，使得部分碳酸盐进入更深层土壤或者随地下水发生径向迁移。对于水稻土 SIC 与 SOC 关系及其原因的分析详见第 4 章。

2.2.4 不同土地利用方式下 pH 和盐分对有机碳和无机碳的影响

不同土地利用方式下 SOC 和 SIC 储量与 pH、盐分、Ca^{2+} 及 Mg^{2+} 之间的关系较为复杂（表 2.4）。土地利用方式对土壤 pH 与 SOC 和 SIC 关系的影响主要集中在旱地耕作（小麦-玉米、棉花）土壤，其 SOC 与 pH 在 0～30 cm 和 30～100 cm 均呈显著负相关（$P<0.01$），SIC 与 pH 只在 30～100 cm 呈显著负相关（$P<0.01$），而水稻土、芦苇地的 SOC 和 SIC 与 pH 的相关性均未达到显著水平（$P>0.05$），说明过高的土壤 pH 会影响作物生长，作物产量的降低会导致土壤有机质投入减少（Demolinget al.，2007；Chenet al.，2017），而根据 SOC 与 SIC 的正相关关系，SOC 的来源减少势必会影响 SOC 对 SIC 累积的贡献率。此外，土壤盐碱性也会影响土壤微生物活性及群落结构，过高的盐碱环境会抑制有机碳的分解（Aon and Colaneri，2001；Wong et al.，2010；Mavi et al.，2012），不利于有机碳向无机碳转化，而湿地土壤尤其是水稻土，过饱和的水分含量和定期灌水排泄对土壤酸碱度具有一定的稀释作用，因此抑制作用并不显著，下层土壤环境反而有利于 SIC 形成。SOC 和 SIC 与 EC 的关系除前者在旱地耕作土壤的 $30\sim100$ cm 土层呈显著正相关外（$P<0.01$），其余均未达到显著水平，且均存在正负相关两种符号。旱地耕作土壤 SOC 和 SIC 及湿地的 SIC 与土壤水溶性 Ca^{2+} 均在 $30\sim100$ cm 土层呈显著正相关（$P<0.01$；$P<0.05$），在 $0\sim30$ cm 土层相关性不显著，说明下层土壤环境可能更有利于 SIC 的形成和 SOC 向 SIC 的转化。然而，两种碳形式与土壤水溶性 Mg^{2+} 的相关性在旱地和湿地土壤均未达到显著水平。出现这种现象的原因在于黄河三角洲盐分与有机碳分布呈现梯度变化特征，相关性也存在差异（李远等，2014），所以整体评估没有达到显著水平。

表 2.4　黄河三角洲土壤有机碳和无机碳储量与土壤 pH 和盐分的相关性

土地利用方式	变量	深度 (cm)	pH	EC	Ca^{2+}	Mg^{2+}
旱地耕作土壤	SOC	$0\sim30$	-0.57^{**}	-0.06	-0.09	-0.25
		$30\sim100$	-0.63^{**}	0.38^{*}	0.63^{**}	0.35
	SIC	$0\sim30$	-0.15	-0.09	0.07	0.23
		$30\sim100$	-0.65^{**}	0.22	0.47^{*}	0.38
水稻和芦苇	SOC	$0\sim30$	-0.27	0.58	0.51	0.38
		$30\sim100$	-0.35	0.51	-0.73	0.43
	SIC	$0\sim30$	-0.33	0.69	0.47	0.29
		$30\sim100$	0.21	-0.05	-0.91^{**}	-0.61

注：*和**分别代表在 0.05 和 0.01 水平上显著相关（双尾检测）

2.3　小麦-玉米轮作下土壤碳同位素及次生碳酸盐

2.3.1　有机碳和无机碳稳定碳同位素空间分布

黄河三角洲土壤有机碳同位素（$\delta^{13}C_{org}$）在不同层的空间变异性不同。如图 2.4 所示，$0\sim20$ cm 和 $80\sim100$ cm 土层的空间变异性小于中间三层（$20\sim40$ cm，$40\sim60$ cm，$60\sim80$ cm）。$0\sim20$ cm 和 $80\sim100$ cm 土层的 $\delta^{13}C_{org}$ 分别为 $-24‰\sim-21‰$ 和 $-24‰\sim-22‰$。远离黄河区域的 $\delta^{13}C_{org}$ 最为富集（$80\sim100$ cm 土层的为 $-19.7‰$），滨海区则明显偏负（$60\sim80$ cm 土层的为 $-26.3‰$）。总体上，$0\sim100$ cm 整个剖面土层中小麦-玉米轮作土壤 $\delta^{13}C_{org}$ 均值为（-22.4 ± 1.3）‰。与其他土地利用方式相比，小麦（C_3）-玉米（C_4）轮作系统有机碳的 $\delta^{13}C$ 要偏正于同属 C_3 植物的非耕作型碱蓬、柽柳、芦苇地土壤（均值均为 $-27.1‰$）（丁喜桂等，2011），说明黄河三角洲土地利用方式对土壤 ^{13}C 的富集具有一定影响（李远，2016）。受土地利用方式的统计量所限，可能对碳同位素值的变化范围存在影响。例如，李远等（2014）对黄河三角洲多种土地利用方式进行了统计研究，其结果显示土壤有机碳 $\delta^{13}C$ 为 $-28.3‰\sim-24.1‰$。

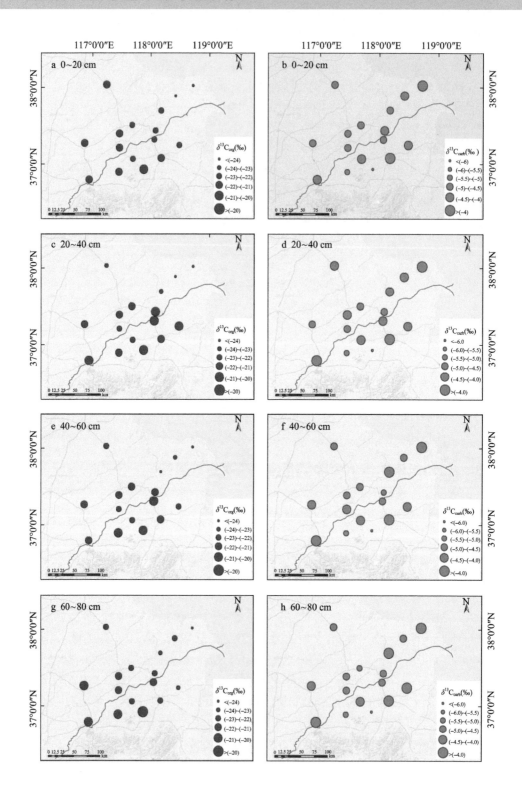

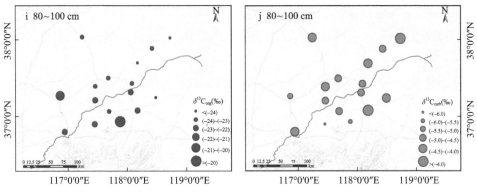

图 2.4　有机碳(a、c、e、g、i)和无机碳(b、d、f、h、j)同位素的空间分布

黄河三角洲土壤无机碳的 $\delta^{13}C$($\delta^{13}C_{carb}$)在各层的空间分布特征如图 2.4 所示，$\delta^{13}C_{carb}$ 空间分布在不同层存在一定特点：如 0~40 cm 土层，$\delta^{13}C_{carb}$ 范围为–5.5‰~–4.0‰，40~100 cm 土层则空间变异性较大，范围为–6.0‰~–4.0‰，各层最大值（–3.08‰）和最小值（–6.3‰）均在 40~60 cm 土层；整体上 0~100 cm 土层剖面均值为–4.5‰。对比有机碳和无机碳同位素来分析，黄河下游近海区及黄河南岸样点的 $\delta^{13}C_{carb}$ 要比其他区域样点的值偏正（>–5.0‰），$\delta^{13}C_{org}$ 则相反，即明显偏负。与 Wang 等（2014）报道的玉米-小麦轮作土壤的 $\delta^{13}C_{carb}$ 相比，黄河三角洲的无机碳同位素值（–6.2‰~–3.1‰）与距离靠近的郑州的值（–5.1‰~–4.4‰）相近，但要比处于黄土高原的杨凌的值（–8.8‰~–5.9‰）偏正，比乌鲁木齐的值（–1‰~–3‰）偏负。

2.3.2　土壤次生碳酸盐的空间分布

土壤 SIC 包括原生碳酸盐(lithogenic carbonate，LIC)和次生碳酸盐(pedogenic carbonate，PIC)。一般来说，LIC 的 $\delta^{13}C$ 值接近 0，而 PIC 的 $\delta^{13}C$ 值偏负(Breeckeret al.，2009；Wanget al.，2014)。PIC 的含量可用以下方程计算(Landiet al.，2003)：

$$PIC = \frac{\delta^{13}C_{SIC} - \delta^{13}C_{PM}}{\delta^{13}C_{PIC} - \delta^{13}C_{PM}} SIC \qquad (2.1)$$

式中，$\delta^{13}C_{SIC}$、$\delta^{13}C_{PM}$ 和 $\delta^{13}C_{PIC}$ 分别代表 SIC、土壤母质及次生碳酸盐的碳同位素含量。根据已有研究结果(Liu et al.，2011；Wang et al.，2014)，将 $\delta^{13}C_{PM}$ 设置为–1‰。而 $\delta^{13}C_{PIC}$ 依据下式计算：

$$\delta^{13}C_{PIC} = \delta^{13}C_{SOC} + 14.9 \qquad (2.2)$$

式中，14.9 是由 CO_2 扩散和碳酸盐沉淀过程产生的同位素分馏，分别为 4.4 和

10.5(Cerling，1984；Cerlinget al.，1989)。

  如图 2.5 所示，表层和亚表层的 PIC%(PIC 所占比例)空间变异性有一定相似性，大部分点介于 30%~75%，而中层多集中在 45%~90%，中下层和下层空间变异性最小，尤其下层土壤 PIC%多介于 30%~60%。但是，各层 PIC%的最小值(约 25%)均分布于黄河三角洲下游近海区和黄河南岸，不过其中黄河南岸的一个异常点(>90%)在各层都是最大值。据报道，内蒙古荒漠草原 40 cm 以下土层中 PIC 占 SIC 比例为 17%~84%(张林等，2011)，而中国北方农田土壤 PIC%由西向东呈增加趋势，如乌鲁木齐的灰漠土、杨凌的壤土和郑州的潮土，PIC%分别为 33%、43%和 75%(Wanget al.，2014)。

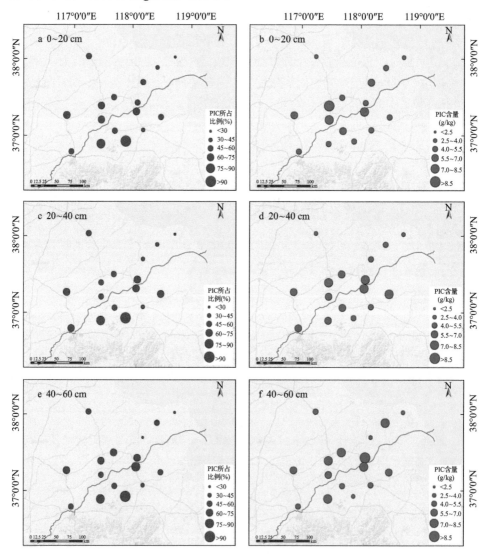

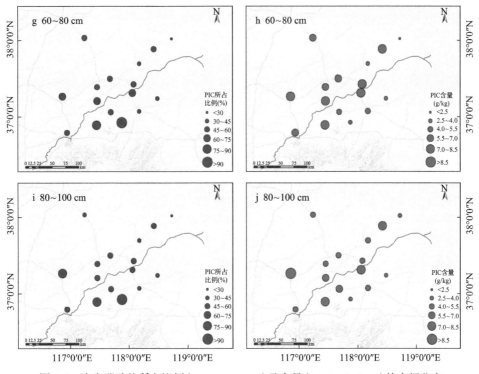

图 2.5 次生碳酸盐所占比例(a、c、e、g、i)及含量(b、d、f、h、j)的空间分布

PIC 含量与 PIC%的空间分布类似,但也存在一定区别。如图 2.5 所示,PIC 含量大多为 2.5~6.5 g/kg。但 40 cm 以下土层二者空间分布发生变化,PIC 含量中层(40~60 cm)和中下层(60~80 cm)空间分布类似,中部区域靠近黄河的样点 PIC 含量要略高于远离黄河的样点,但整体空间变异性较大(PIC>2.5 g/kg),且中下层平均含量略高于中层。下层土壤空间变异性较中层小,PIC 分布在 3.4~7.5 g/kg,且最大值(12.1 g/kg)也在该层。PIC 从表层到下层 5 层的平均含量分别为 5.5 g/kg、5.8 g/kg、6.0 g/kg、6.1 g/kg、5.9 g/kg。这种变化趋势并不同于焉耆盆地盐碱地呈现的现象,即随土壤深度增加,PIC 含量呈增加趋势(Wang et al.,2015b)。

2.3.3 次生碳酸盐与有机碳的关系

对小麦-玉米轮作土壤 PIC 和 SOC 储量的相关性分析发现,SOC 储量增加,PIC 储量随即增加,即 1 m 剖面 SOC 和 PIC 储量存在显著的正相关关系。即使在由施肥等易造成微酸环境的表层土壤(0~20 cm)中,这种显著的正相关关系仍然存在,且其斜率(0.47)与 0~100 cm 土壤剖面斜率(0.75)不同(图 2.6),

说明表层和 20～100 cm 土层 SOC 对 PIC 形成的促进作用存在差异。原因有两个方面，其一，表层(耕作层的主要部分)土壤根系集中，同时也是施肥效应的主要作用层，施肥和根系呼吸产生大量的 CO_2，容易形成局部微酸环境，与 PIC 形成所需的弱碱环境相悖，不利于 PIC 形成和沉淀(Sanderman，2012；Zamanianet al.，2018)；其二，表层土壤形成的 PIC 在灌溉、降水等作用下会发生向下淋溶(Bughioet al.，2016；Zamanianet al.，2016)，导致下层土壤有较高的 PIC 储量。

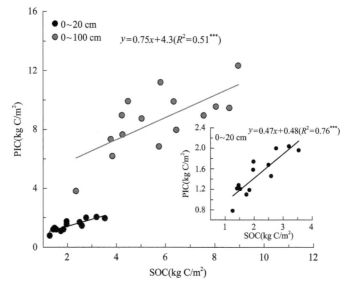

图 2.6　小麦-玉米轮作土壤次生碳酸盐与有机碳储量在 0～20 cm 和 0～100 cm 土层的变化关系

在 0～100 cm 土壤剖面上，黄河三角洲小麦-玉米轮作土壤 PIC/SOC(1.5)要低于 Wang 等(2015b)已报道的同为盐碱地的焉耆盆地耕作土壤的值(2.0)，但要高于长期定位试验站乌鲁木齐(0.48)、杨凌(1.09)、郑州(0.7)及曲周(0.5)(Bughioet al.，2016)，说明盐碱化程度会影响有机碳向次生碳酸盐的转化，有意思的是，与焉耆盆地的灌丛土壤 PIC/SOC(1.7)相比(Wang et al.，2015b)，黄河三角洲的值(0.75)也要偏低。进一步分析发现，黄河三角洲与焉耆盆地具有类似的土壤盐碱化程度和 pH 环境，且均属于钙质土壤，但不同的是，后者的有机碳储量将近前者的 2倍，PIC 和 LIC 均远高于黄河三角洲(Wang et al.，2015b)。可以推测，较高的碳源(有机碳)和丰富的钙/镁源为 PIC 的形成提供了足够的物质条件，加上焉耆盆地蒸降比>25，要远高于黄河三角洲的蒸降比(4.2)，使得 PIC 极易形成且容易沉淀结晶而很少发生淋溶过程的溶解(Bughioet al.，2016)。

参 考 文 献

丁喜桂, 叶思源, 王吉松. 2011. 黄河三角洲湿地土壤、植物碳氮稳定同位素的组成特征. 海洋地质前沿, 27(2): 66-71.

李远. 2016. 黄河三角洲土壤及其红粘层的地球化学特征与环境意义. 中国科学院烟台海岸带研究所博士学位论文.

李远, 章海波, 陈小兵, 等. 2014. 黄河三角洲内陆到潮滩土壤中碳、氮元素的梯度分布规律. 地球化学, (4): 338-345.

刘玉斌. 2017. 黄河改道对三角洲湿地演变的影响研究. 山东师范大学硕士学位论文.

石小霞, 赵诣, 张琳, 等. 2017. 华北平原不同农田管理措施对于土壤碳库的影响. 环境科学, 38(1): 301-308.

宋家敬, 刘月梁, 朱书玉, 等. 2016. 山东黄河三角洲自然保护区详细规划(2014-2020). 北京: 中国林业出版社.

吴国栋. 2017. 黄河三角洲风暴潮特征和灾害风险分析. 国家海洋局第一海洋研究所硕士学位论文.

张林, 孙向阳, 高程达, 等. 2011. 荒漠草原土壤次生碳酸盐形成和周转过程中固存 CO_2 的研究. 土壤学报, 48(3): 576-586.

Aon M A, Colaneri A C. 2001. Ⅱ. Temporal and spatial evolution of enzymatic activities and physico-chemical properties in an agricultural soil. Applied Soil Ecology, 18(3): 255-270.

Breecker D O, Sharp Z D, Mcfadden L D. 2009. Seasonal bias in the formation and stable isotope composition of pedogenic carbonate in modern soils from central New Mexico. Geological Society of America Bulletin, 121(3-4): 630-640.

Bughio M A, Wang P, Meng F, et al. 2016. Neoformation of pedogenic carbonates by irrigation and fertilization and their contribution to carbon sequestration in soil. Geoderma, 262: 12-19.

Cerling T E. 1984. The stable isotopic composition of modern soil carbonate and its relationship to climate. Earth and Planetary Science Letters, 71(2): 229-240.

Cerling T E, Quade J, Wang Y, et al. 1989. Carbon isotopes in soils and palaeosols as ecology and palaeoecology indicators. Nature, 341: 138-139.

Chen D, Yuan L, Liu Y, et al. 2017. Long-term application of manures plus chemical fertilizers sustained high rice yield and improved soil chemical and bacterial properties. European Journal of Agronomy, 90: 34-42.

Demoling F, Figueroa D, Bååth E. 2007. Comparison of factors limiting bacterial growth in different soils. Soil Biology & Biochemistry, 39(10): 2485-2495.

Denef K, Stewart C E, Brenner J, et al. 2008. Does long-term center-pivot irrigation increase soil carbon stocks in semi-arid agro-ecosystems? Geoderma, 145: 121-129.

Gao Y, Tian J, Pang Y,et al. 2017. Soil inorganic carbon sequestration following afforestation is probably induced by pedogenic carbonate formation in Northwest China. Frontiers in Plant Science, 8: 1282. doi:10.3389/fpls.2017.01282.

Guo Y, Wang X, Li X, et al. 2016. Dynamics of soil organic and inorganic carbon in the cropland of upper Yellow River Delta, China. Scientific Reports, 6: 36105. doi:10.1038/srep36105.

Kraimer R A, Monger H C, Steiner RL. 2005. Mineralogical distinctions of carbonates in desert soils. Soil Science Society of America Journal, 69(6): 1773-1781.

Krull E G, Bray S S. 2005. Assessment of vegetation change and landscape variability by using stable carbon isotopes of soil organic matter. Australian Journal of Botany, 53(7): 651-661.

Lal R. 2010. Enhancing crop yields in the developing countries through restoration of the soil organic carbon pool in agricultural lands. Land Degradation & Development, 17(2): 197-209.

Lal R, Kimble J M, Stewart B A,et al. 1999. Global Climate Change and Pedogenic Carbonate. Geoderma, 104: 135-141.

Landi A, Mermut A R, Anderson D W. 2003. Origin and rate of pedogenic carbonate accumulation in Saskatchewan soils, Canada. Geoderma, 117: 143-156.

Li G T, Zhang C L, Zhang H J, et al. 2010. Soil inorganic carbon pool changed in long-term fertilization experiments in north China plain//Brisbane, Australia: World Congress of Soil Science: Soil Solutions for A Changing World: 220-223.

Liu W, Yang H, Sun Y, et al. 2011. $\delta^{13}C$ Values of loess total carbonate: a sensitive proxy for Asian summer monsoon in arid northwestern margin of the Chinese loess plateau. Chemical Geology, 284(3-4): 317-322.

Mavi M S, Marschner P, Chittleborough D J, et al. 2012. Salinity and sodicity affect soil respiration and dissolved organic matter dynamics differentially in soils varying in texture. Soil Biology and Biochemistry, 45: 8-13.

Monger H C, Gallegos R A. 2000. Biotic and abiotic processes and rates of pedogenic carbonate accumulation in the southwestern United States-relationship to atmospheric CO_2 sequestration// Lal R, Kimble J M, Stewart B A, et al. Global Climate Change and Pedogenic Carbonates.New York: Lewis Publishers: 273-289.

Sanderman J. 2012. Can management induced changes in the carbonate system drive soil carbon sequestration? A review with particular focus on Australia. Agriculture Ecosystems & Environment, 155: 70-77.

Sartori F, Lal R, Ebinger M H, et al. 2007. Changes in soil carbon and nutrient pools along a chronosequence of poplar plantations in the Columbia Plateau, Oregon, USA. Agriculture Ecosystems & Environment, 122: 325-339.

Shchepetkin A F, Mc Williams J C. 2005. The regional oceanic modeling system(ROMS): a split-explicit, free-surface, topography-following-coordinate oceanic model. Ocean Modelling, 9(4): 347-404.

Shi H J, Wang X J, Zhao Y J, et al. 2017. Relationship between soil inorganic carbon and organic carbon in the wheat-maize cropland of the North China Plain. Plant and Soil, 418(1-2): 423-436.

Wang J P, Wang X J, Zhang J, et al. 2015a. Soil organic and inorganic carbon and stable carbon isotopes in the Yanqi Basin of northwestern China. European Journal of Soil Science, 66(1): 95-103.

Wang X J, Wang J P, Shi H J, et al. 2018. Carbon sequestration in arid lands: a mini review//WangX J, YuZ T, WangJ P, et al.Carbon Cycle in the Changing Arid Land of China. Singapore: Springer: 133-141.

Wang X J, Wang J P, Xu M G, et al. 2015b. Carbon accumulation in arid croplands of northwest China: pedogenic carbonate exceeding organic carbon. Scientific Reports, 5: 11439.

Wang X J, Xu M G, Wang J P, et al. 2014. Fertilization enhancing carbon sequestration as carbonate in arid cropland: assessments of long-term experiments in northern China. Plant and Soil, 380(1-2): 89-100.

Wong V N L, Greene R S B, Dalal R C, et al. 2010. Soil carbon dynamics in saline and sodic soils: a review. Soil Use and Management, 26(1): 2-11.

Yang F, Huang L, Yang R, et al. 2018. Vertical distribution and storage of soil organic and inorganic carbon in a typical inland river basin, Northwest China. Journal of Arid Land, 10(2): 183-201.

Zamanian K, Pustovoytov K, Kuzyakov Y. 2016. Pedogenic carbonates: forms and formation processes. Earth-Science Reviews, 157: 1-17.

Zamanian K, Zarebanadkouki M, Kuzyakov Y. 2018. Nitrogen fertilization raises CO_2 efflux from inorganic carbon: a global assessment. Global Change Biology,24(7): 2810-2817.

Zhang F, Wang X, Guo T, et al. 2015. Soil organic and inorganic carbon in the loess profiles of Lanzhou area: implications of deep soils. Catena, 126: 68-74.

Zhao W, Zhang R, Huang C, et al. 2016. Effect of different vegetation cover on the vertical distribution of soil organic and inorganic carbon in the Zhifanggou Watershed on the loess plateau. Catena, 139: 191-198.

第3章

黄河三角洲盐碱水稻土改良对土壤碳的影响[*]

[*] 郑昊楠，北京师范大学全球变化与地球系统科学研究院
王秀君，北京师范大学全球变化与地球系统科学研究院
丁效东，青岛农业大学资源与环境学院
吴立鹏，青岛农业大学资源与环境学院

黄河三角洲地区土壤盐碱化严重，土壤结构单一，土壤供肥、保肥能力较差。该地区水稻种植习惯采用"深灌大排"式的灌溉洗盐降渍措施，极易导致土壤养分淋失（Wang et al.，2016）。此外，由于盐碱化水稻土中有机质含量较低，近年来过量施用有机肥以提高土壤有机质含量的现象较为突出，但这也对生态环境造成了较大威胁。研究表明，有机肥施用量通常是以作物所需氮量换算的，并未考虑土壤自身的供碳能力（曹志洪，2003）。因此，施肥增产与其环境风险间的矛盾日益凸显（丁效东等，2016）。

长期定位试验表明，在中国北方农田中有机肥配施无机肥，不仅能够促进土壤有机碳水平的提高，同时还能促进无机碳储量的增加，且无机碳的增加量要高于有机碳（Wang et al.，2014）。另外，研究发现，中国北方旱作农田土壤中普遍存在无机碳储量高于有机碳储量的现象，在土壤剖面中无机碳储量与有机碳储量之间呈现显著正相关关系（Wang et al.，2015；Guo et al.，2016；Shi et al.，2017）。

为探明滨海盐碱化稻田土壤中是否存在上述问题，本研究以山东省东营市垦利区盐碱地为试验田，长期开展有机肥与磷肥配施对滨海盐碱水稻土有机碳含量的影响的研究，阐明黄河三角洲滨海盐碱地水稻土壤的固碳机制及土壤养分状况，以期为滨海盐碱稻田土壤科学施肥及养分高效利用提供理论依据。

本研究分为磷肥和有机肥两个因素，其中磷肥设 2 个水平：①低磷（64 kg/hm²）；②高磷（128 kg/hm²）。有机肥设 1 个水平：2000 kg/hm²。本研究共有 5 个处理：对照 CK、低磷无碳 P_1、高磷无碳 P_2、低磷加碳 P_1C、高磷加碳 P_2C。每个处理设置 3 个重复小区。于试验的第 4 年秋季（即 2017 年秋季）分别采集各个试验田中 0～20 cm、20～40 cm、40～60 cm 深度的土壤，用于测定土壤碳（有机碳、无机碳）、养分（全氮、全磷、速效磷）和水溶性盐分（Ca^{2+}、Mg^{2+}、K^+、Na^+）的含量。

3.1　有机肥与无机肥配施对土壤 pH 和盐分的影响

在垂直方向上，土壤理化性质变化明显且不同的碳磷配比对其影响显著。如表 3.1 所示，除对照组外，表层土壤 pH 均显著低于亚表层。不同的施肥措施仅对表层土壤 pH 产生影响，其中，对照组的表层 pH 显著高于添加有机肥和磷肥的试验组，其原因一方面是磷肥和氮肥的添加导致土壤发生酸化效应（Miao et al.，2011），另一方面是有机肥和化肥的配施促进了作物的生长，使得根系分泌的有机酸不断增加（Guan et al.，2018），同时地上部分的生物返还量也显著提升，这些反馈过程对盐碱土改良具有重要的作用。然而在亚表层中，对照组的 pH 与施肥试验组的 pH 无显著差异，这主要是由于土壤结构密实，有机肥和化肥主要作用于耕作层，深层土壤受施肥的影响较小。

土壤溶解固体总量(total dissolved solid，TDS)和电导率(electric conductivity，EC)的变化一致，对照组表层土壤中二者均显著小于施肥的试验组(表 3.1)。在亚表层中除 P_1 组外，其他试验组二者的值均无显著变化。在垂直方向上，对照组土壤 TDS 和 EC 由表层至亚表层呈增加趋势，但是对于施加肥料的试验组，二者呈现出先减小后增加的趋势，但变化情况并不显著。

表 3.1　有机肥与磷肥配施对不同深度土壤 pH、TDS、EC 水溶性盐分的影响

土壤深度(cm)	处理	pH	TDS (g/kg)	EC (ms/cm)	Ca^{2+} (mg/kg)	Mg^{2+} (mg/kg)	K^+ (mg/kg)	Na^+ (mg/kg)
0~20	CK	8.75 (0.03) Aa	0.54 (0.11) Ba	0.22 (0.04) Ba	84.6 (2.2) Aa	33.3 (4.0) Aa	8.3 (3.0) Aa	173.6 (21.9) Aa
	P_1	8.34 (0.10) Cb	0.82 (0.13) Aa	0.33 (0.05) Aa	90.1 (4.2) Aa	29.6 (4.2) Aa	10.0 (1.0) Aa	136.8 (19.0) Aa
	P_2	8.42 (0.20) BCa	0.78 (0.20) ABa	0.31 (0.08) ABa	82.1 (14.6) Aa	30.0 (3.1) Aa	9.7 (2.3) Aa	137.2 (47.3) Aa
	P_1C	8.51 (0.16) BCb	0.69 (0.10) ABa	0.28 (0.04) ABa	86.1 (7.5) Aa	32.6 (2.2) Aa	14.6 (0.7) Aa	168.0 (54.4) Aa
	P_2C	8.61 (0.09) Bb	0.65 (0.16) ABa	0.26 (0.06) ABa	88.6 (4.1) Aa	35.0 (2.2) Aa	12.9 (1.8) Aa	174.3 (31.0) Ab
20~40	CK	8.88 (0.29) Aa	0.67 (0.07) Aab	0.27 (0.03) Aab	55.7 (0.2) Bb	25.6 (2.3) Bb	11.3 (2.6) Aa	191.2 (50.8) Aa
	P_1	9.05 (0.02) Aa	0.51 (0.10) Bb	0.20 (0.04) Bb	58.5 (4.6) Bb	24.9 (1.0) Ba	13.0 (2.8) Aa	152.1 (32.2) Aa
	P_2	8.81 (0.49) Aa	0.68 (0.12) Aa	0.27 (0.05) Aa	65.5 (6.2) Bab	24.5 (3.4) Bab	10.4 (4.6) Aa	174.9 (53.4) Aa
	P_1C	8.97 (0.03) Aa	0.65 (0.04) ABa	0.26 (0.02) ABa	88.0 (20.9) Aa	36.5 (9.2) Aa	23.7 (14.9) Aa	194.6 (49.1) Aa
	P_2C	8.94 (0.15) Aa	0.65 (0.09) ABa	0.26 (0.04) ABa	88.2 (11.7) Aa	39.0 (5.0) Aa	26.0 (14.1) Aa	205.3 (37.2) Aab
40~60	CK	8.73 (0.03) Aa	0.76 (0.10) Aa	0.31 (0.04) Aa	57.1 (0.9) Bb	26.4 (0.9) Bb	10.0 (2.1) ABa	212.3 (48.8) Aa
	P_1	8.94 (0.27) Aa	0.60 (0.04) Ab	0.24 (0.02) Ab	59.8 (4.6) Bb	24.8 (0.7) Ba	11.3 (1.1) ABa	169.6 (30.1) Aa
	P_2	9.02 (0.27) Aa	0.76 (0.20) Aa	0.30 (0.08) Aa	58.5 (9.1) Bb	22.5 (3.3) Bba	8.0 (1.5) Ba	213.0 (82.9) Aa
	P_1C	8.97 (0.12) Aa	0.73 (0.08) Aa	0.29 (0.03) Aa	96.9 (24.7) Aa	37.7 (11.3) Aa	26.5 (16.3) ABa	216.0 (68.1) Aa
	P_2C	9.06 (0.22) Aa	0.75 (0.03) Aa	0.30 (0.01) Aa	91.9 (22.7) Aa	38.8 (9.1) Aa	29.1 (17.7) Aa	240.5 (25.3) Aa

注：相同字母表示在 $P<0.05$ 的水平上无显著差异，大写字母用于不同处理间，小写字母用于不同深度间

土壤水溶性阳离子含量主要受有机肥的影响。通过表 3.1 可知，整体来看添加有机肥的试验组阳离子含量高于未添加有机肥的试验组，这主要与有机肥中含有的阳离子有关。同时研究表明，添加有机肥会增加土壤中交换性 Ca^{2+}、Mg^{2+} 的释放，并减少交换性 Na^+ 的含量(Fan et al.，2013)，但在本试验中，4 种水溶性阳离子含量均呈增加趋势(除 P_1 试验组)，这表明水溶性阳离子的变化动态并非与交换性阳离子一致。此外，随着土壤深度增加，未添加有机肥的试验组 Ca^{2+}、Mg^{2+} 含量呈现降低趋势，而添加有机肥的试验组 Ca^{2+}、Mg^{2+} 呈增加状态。K^+、Na^+ 含量在不同处理下均随土壤深度增加而增加，但在添加有机肥的试验组增加

更为明显。

3.2 有机肥与无机肥配施对水稻生长及产量的影响

3.2.1 水稻的净光合效率

如表 3.2 所示，2015～2016 年，P_2C 处理下的水稻净光合效率最高，P_1C 处理其次，这表明添加有机肥能够大幅度提高水稻的净光合效率。在同一处理水平下，随着水稻的生长发育，从分蘖期到孕穗期再到齐穗期，水稻的净光合效率不断增加，这主要与水稻叶片的叶面积大小有关。此外，不同年份同一处理下水稻的净光合效率也不同，其中分蘖期水稻的净光合效率在年际并未出现显著差异；但是孕穗期水稻的净光合效率则出现了减小趋势，尤其是仅添加无机肥处理中水稻的净光合效率减小显著，分别为 11.9% 和 9.8%；齐穗期水稻的净光合效率在年际也出现了增加的趋势，其中 P_1 处理和 P_1C 处理的增加量最大，分别为 10.3% 和 13.2%。

表 3.2 有机肥与无机肥配施对滨海盐碱化土壤水稻净光合效率的影响

[单位：$\mu mol/(m^2 \cdot s)$]

处理	分蘖期		孕穗期		齐穗期	
	2015 年	2016 年	2015 年	2016 年	2015 年	2016 年
CK	26.5(1.1)c	26.3(0.9)d	32.6(0.9)c	30.8(1.0)c	34.6(0.8)b	35.9(0.7)b
P_1	26.1(1.4)c	25.4(1.1)d	37.9(3.4)b	33.4(1.7)c	35.1(1.7)b	38.7(1.7)b
P_2	28.2(1.2)c	29.3(1.6)c	36.8(2.2)b	33.2(1.3)c	36.3(0.5)b	37.9(1.6)b
P_1C	32.2(1.9)b	31.1(1.0)b	35.1(0.5)c	36.4(1.4)b	36.4(1.4)b	41.2(1.6)a
P_2C	37.2(1.5)a	36.5(2.1)a	41.9(1.8)a	40.3(1.6)a	44.4(0.7)a	45.2(1.8)a

注：相同字母表示在 $P < 0.05$ 的水平上无显著差异

3.2.2 水稻产量及肥料农学利用效率

P_2C 处理中水稻产量均显著高于其他处理，其余处理间水稻产量无显著差异（表 3.3）。其中，P_1C 处理水稻产量均显著低于 P_2C，说明在施加有机肥条件下，增施磷肥能够显著提高水稻的产量，这也表明磷肥对于水稻产量的限制作用更为突出。2015～2016 年，CK 和 P_1 处理中水稻产量呈减小趋势，其余试验组年产量变化不显著。

表 3.3　有机肥和磷肥配施对水稻产量和肥料农学利用效率的影响

处理	产量(kg/hm²)		磷肥农学利用效率	
	2015 年	2016 年	2015 年	2016 年
CK	8 234(467)b	7 867(33)b	—	—
P₁	8 367(484)b	7 934(167)b	2.1(0.5)b	1.0(2.1)d
P₂	8 634(166)b	8 700(58)b	3.1(2.3)b	6.5(0.5)c
P₁C	8 400(100)b	8 600(173)b	2.6(8.2)b	11.5(3.2)b
P₂C	10 134(260)a	10 001(58)a	14.8(4.1)a	16.7(0.5)a

注：相同字母表示在 $P<0.05$ 的水平上无显著差异

在 2015 年和 2016 年中，P_2C 处理下磷肥农学利用效率远远大于其他处理，尽管 P_1C 和 P_2 处理下的水稻产量并无显著差异，但是在 2016 年中 P_1C 处理中的磷肥农学利用效率比 2015 年显著增大，且明显高于未添加有机肥的试验组(P_1、P_2)。由 2015 至 2016 年，仅有 P_1 处理中磷肥农学利用效率减小，其余试验组都呈增加趋势，尤其是 P_1C 处理。这表明在低磷的处理下施加有机肥，尽管水稻产量并未显著提高，但是磷肥农学利用效率大大增加，这对于降低磷素淋洗风险至关重要。

在 P_1C 处理下，磷肥农学利用效率高，表现出较小的土壤磷素淋洗风险，但是水稻产量低于 P_2C(表 3.3)。随着磷肥施用量增加，土壤磷素淋洗风险加大，磷肥农学利用效率降低，但是水稻产量显著提高。因此需要进一步细化施肥含量间的差异，寻求水稻增产与提高磷肥农学利用效率并降低磷素淋失风险的平衡点。

3.3　有机肥与无机肥配施对土壤养分的影响

3.3.1　土壤养分的垂直变化

如图 3.1 所示，土壤全氮含量由 0~20 cm[(0.58±0.08) g/kg]到 20~40 cm [(0.26±0.07) g/kg]急剧降低，从 20~40 cm 到 40~60 cm[(0.22±0.06) g/kg]降低趋势变缓，这主要是因为肥料投放在土壤耕作层中，对耕作层以下土层的增肥影响越来越小。土壤全氮含量在施肥的条件下均高于对照组，尤其在有机肥与无机肥配施的条件下，一方面是由于氮肥的直接投入增加了土壤全氮的含量；另一方面是有机肥与无机肥的配施与仅施加氮肥相比进一步改良了土壤团粒结构，增加了土壤的固氮、持氮能力(Liu et al.，2009；Mi et al.，2018)。与土壤全氮不同，土壤全磷含量由 0~20 cm 至 40~60 cm 深度逐渐降低，无显著突变，并且随深度增加，全磷含量值的变化范围也逐渐减小。全磷在 CK 和 P_1 中含量最小[(0.43±

0.08)g/kg]，随着磷肥投入量的增加而增加。但在 P_1C[(0.83±0.24)g/kg]中磷的含量要高于 P_2[(0.65±0.20)g/kg]和 P_2C[(0.71±0.24)g/kg]，这表明尽管磷素投入量有限，但如果土壤有机碳含量维持在一定水平也可保证土壤较强的供磷能力，因此土壤中有机碳的含量对于磷素的固持具有重要作用。此外，该结论也可通过土壤养分的生态化学计量特征体现。

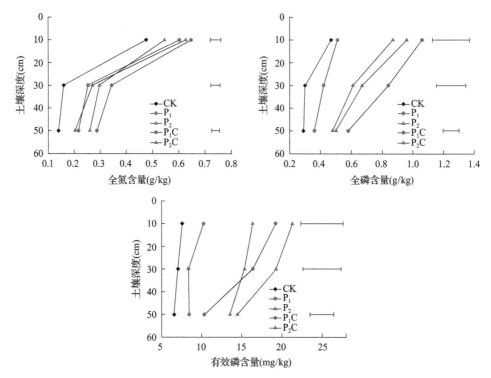

图 3.1　有机肥与磷肥配施下土壤养分的垂直分布特征

土壤有效磷含量受磷肥添加的影响显著，在 CK 与 P_1 处理中有效磷的含量较低，分别为[(7.1±0.5)mg/kg]和[(9.0±1.0)mg/kg]，且沿剖面方向上各土层土壤有效磷含量并未发生显著变化。其余三个处理中土壤有效磷的含量[(15.1±1.4)mg/kg][(15.3±4.5)mg/kg][(18.3±3.5)mg/kg]均显著高于 CK 和 P_1，其中 P_2C 处理下各土层土壤的有效磷含量最高，在 0～20 cm 深度上，有效磷含量高达 21.3 mg/kg。相比于 P_1 处理，尽管添加高量磷肥(P_2)能够大幅度提升耕作层土壤有效磷含量，但是在0～40 cm 深度上其有效磷含量均要低于 P_1C 处理。这表明有机肥的施用有助于提升土壤有效磷的含量，增加磷肥的利用率。这与下文中的土壤磷饱和度分析得出的结论相一致。

3.3.2 土壤养分的生态化学计量特征

土壤生态化学计量系数是评价土壤质量的重要指标,对于衡量土壤 C、N、P 营养平衡状况具有重要指示作用,此外,它的演变趋势对土壤 C、N、P 循环有重要影响(Wang et al.,2008)。由图 3.2a 可知,整体上亚表层土壤 C/N 高于表层,CK 处理中土壤 C/N(10.3±1.4)高于施肥处理(8.2±1.1)。对于 0~20 cm 土层土壤 P_1 处理的 C/N 最小(8.3±0.6),施用有机肥试验组的 C/N 略高于 P_1 处理,上述情况说明在该试验中可能存在有机肥施用量过低的情况。由图 3.2b 可知,P_1 和 CK 试验组土壤 C/P 由 0~20 cm 到 20~40 cm 急剧降低,随后略有升高;添加有机肥及 P_2 试验组土壤 C/P(5.95)相近且较小,且沿剖面逐渐降低。这一方面是因为土壤磷素增施较多,另一方面也反映出有机肥施用量较少的问题。土壤 N/P 的垂直变化情况与 C/P 相似(图 3.2c),0~20 cm 深度上 CK 和 P_1 试验组 N/P(1.16)显著高于其他试验组(0.66),添加有机肥的试验组土壤 N/P 明显低于对照组和其他试验组,结合 C/N 和 C/P 的变化情况可知,这不仅是因为增施磷素,也很可能是碳素的限制作用导致了土壤氮素和磷素之间的失衡状态。

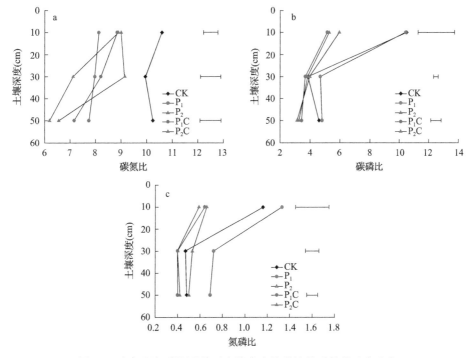

图 3.2 有机肥与磷肥配施下土壤生态化学计量系数的垂直分布

由于该试验中有机肥的施用量较低,因此添加有机肥的试验组 C/N、C/P 和

N/P 相对于对照组较小，碳素的投入不仅直接增加土壤有机碳的含量，同时也对 N、P 相对含量及其二者间的关系产生影响。因此，应该进一步提升有机肥的施用量来平衡 C-N-P 之间的关系，但对氮素和磷素的投入还需进一步的确定。这表明盐碱水稻土 C-N-P 之间存在一定的耦合关系，三者相互制约、互相影响。因此在制定施肥措施时，应结合作物和土壤对三者的需求量及它们的平衡关系综合考虑，以协调 C-N-P 之间的转化过程，提高肥料的综合利用效率。

3.3.3　有机肥与无机肥配施对土壤磷饱和度的影响

由表 3.4 可知，与 CK 相比，仅添加磷肥(P_1、P_2)可显著提高 $0\sim20$ cm、$20\sim40$ cm 土层土壤的磷饱和度。在 P_1 处理中，整个土层的磷饱和度均低于20%，表明低磷投入磷素的淋洗风险较小(临界饱和度值为 28.1%)(Dinget al.，2016)。与 P_1 处理相比，P_2 处理显著提高了各土层的磷饱和度，并且 $0\sim20$ cm、$20\sim40$ cm 土层的磷饱和度均超过了 28.1%，磷素淋洗风险较大。这表明不施用有机肥而仅增施磷肥，将会增大土壤磷素淋洗的风险。

表 3.4　有机肥与无机肥配施对土壤磷饱和度的影响

深度(cm)	不同处理磷饱和度(%)				
	CK	P_1	P_2	P_1C	P_2C
$0\sim20$	10.1(1.5)Ac	19.4(1.7)Ab	31.8(2.6)Aa	20.4(2.1)Bb	36.6(3.1)Ba
$20\sim40$	9.8(1.4)Ae	16.1(2.9)Ad	28.5(2.7)Bc	33.4(2.5)Ab	49.2(3.1)Aa
$40\sim60$	9.8(1.6)Ac	10.5(2.7)Bc	20.4(2.8)Cb	20.3(2.6)Bb	28.9(3.1)Ca

注：相同字母表示在 $P<0.05$ 的水平上无显著差异，大写字母用于列，小写字母用于行

在 P_1 处理中添加有机肥(P_1C)显著提高了 $20\sim60$ cm 土层尤其是 $20\sim40$ cm 土层的磷饱和度，但 $0\sim20$ cm 土层的磷饱和度不仅未发生显著变化，且其饱和度值(20.4%)低于临界饱和度(28.1%)。在 P_2 处理下添加有机肥(P_2C)对 $0\sim20$ cm 和 $40\sim60$ cm 土层的磷饱和度无显著影响，但显著提高了 $20\sim40$ cm 土层的磷饱和度(49.2%)。此外，P_2C 处理下各土层的磷饱和度均超过了临界饱和度，这说明 P_2C 处理不仅不能有效缓解土壤磷素的淋失，反而提高了整个土壤剖面的磷素淋失风险。

3.4　有机肥与无机肥配施对土壤碳的影响

3.4.1　土壤有机碳与无机碳储量的垂直变化

在 $0\sim20$ cm 土层中，P_1C 和 P_2C 处理的土壤有机碳储量$[(1.40\pm0.08)\,\mathrm{kg/m^2}]$

$[(1.35\pm0.14)\,kg/m^2]$ 显著高于 CK $[(1.20\pm0.04)\,kg/m^2]$、P_1 $[(1.19\pm0.09)\,kg/m^2]$ 和 P_2 $[(1.16\pm0.08)\,kg/m^2]$。土壤有机碳储量由 0~20 cm 土层 $[(1.26\pm0.12)\,kg/m^2]$ 至 20~40 cm 土层 $[(0.52\pm0.12)\,kg/m^2]$ 急剧降低，40 cm 深度以下，土壤有机碳储量变化较小(图 3.3)，这主要是因为施加的有机肥主要作用于耕作层土壤，加之土壤结构较为密实，有机肥对亚表层土壤有机碳的影响低于表层土壤。

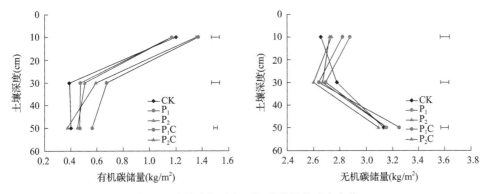

图 3.3　土壤有机碳和无机碳储量的垂直变化

与有机碳储量的垂直变化相反，土壤无机碳储量由 0~20 cm 土层 $[(2.72\pm0.14)\,kg/m^2]$ 至 20~40 cm 土层 $[(2.66\pm0.12)\,kg/m^2]$ 略有降低，但是从 20~40 cm 到 40~60 cm $[(3.12\pm0.11)\,kg/m^2]$ 土层土壤的无机碳储量显著增加(图 3.3)。这是由于 0~40 cm 土层受到施肥作用发生酸化现象，土壤无机碳储量减小，而肥料对底层土壤的影响甚微，无机碳储量随土层深度的增加而不断地积累。在表层土壤中，CK 对照组土壤无机碳储量显著低于施肥处理的试验组，这表明施肥作用可能促进土壤碳酸盐的分解，从而减少土壤无机碳的积累。

3.4.2　有机肥和磷肥对土壤碳储量的影响

由表 3.5 可知，不同的碳磷配比会对盐碱水稻土的碳储量产生显著影响。低磷水平时，施加有机肥将导致 0~30 cm 土壤和 30~60 cm 土壤有机碳储量显著增加，但 0~30 cm 土层的无机碳储量显著降低，且 30~60 cm 土层的无机碳储量变化不显著。在高磷条件下，随着有机肥的添加，有机碳和无机碳储量均未出现显著变化，但是二者的变化趋势与低磷条件下相似。在添加相同有机肥的条件下，增施磷肥未对土壤碳储量产生显著影响。这主要是因为高磷条件下水稻的生物量与低磷条件下差异较小(表 3.3)，并未增加水稻的生物返还量，因此，增施磷肥对于土壤有机碳储量的影响甚微。磷肥(过磷酸钙)的施加既能提供 PO_4^{3-}，又能够增加 Ca^{2+} 的投入，PO_4^{3-} 能够与土壤中的 Ca^{2+} 结合，减少碳酸盐的形成，但同时外源 Ca^{2+} 又能够与 CO_3^{2-} 结合形成新的碳酸盐(Mahmood et al.，2013)，因此在二者的共同作用下，磷肥的施加并未对土壤无机碳储量产生显著影响。

表 3.5   不同有机肥和磷肥水平对土壤碳储量的影响   （单位：kg/m^2）

深度(cm)	处理	SOC		SIC	
		P_1	P_2	P_1	P_2
0~30	C_0	1.42Ba	1.41Aa	4.20Aa	4.05Aa
	C	1.74Aa	1.64Aa	3.90Ba	4.04Aa
30~60	C_0	0.74Ba	0.70Aa	4.47Aa	4.49Aa
	C	0.90Aa	0.75Ab	4.44Aa	4.35Aa

注：相同字母表示在 $P<0.05$ 的水平上无显著差异，大写字母用于列，小写字母用于行，C_0 为未施加有机肥的处理。C 为施加了有机肥的处理

3.4.3   土壤有机碳、无机碳与土壤理化性质的关系

土壤全量养分及生态化学计量系数与土壤有机碳含量之间均呈显著正相关关系(表 3.6)，这表明土壤养分含量对于土壤有机碳的变化具有较大影响，同时也说明 C-N-P 之间具有一定的耦合作用，为提高肥料的利用效率，在施肥时应充分考虑三者的调控平衡关系及土壤已有的供肥能力(赵先贵和肖玲，2002；高菊生等，2014)。此外，土壤 Ca^{2+} 与有机碳呈显著正相关关系，pH 和 Na^+ 与有机碳呈显著负相关关系。这主要是由于土壤盐碱化程度主要受土壤中 Na^+ 含量的影响，Na^+ 含量较高极易引起土壤碱化(pH 升高)，不利于作物的生长及有机质的积累。而添加 Ca^{2+} 能够置换出土壤颗粒表面的交换性 Na^+，有利于减轻土壤盐碱化程度(Fan et al.，2013)、改善土壤理化性质、提高土壤肥力水平。

表 3.6   土壤有机碳、无机碳与土壤理化性质的相关关系

	TN	TP	AP	N/P	pH	EC	Ca^{2+}	Mg^{2+}	K^+	Na^+	SAR
SOC	0.96***	0.70**	0.45	0.60*	−0.63***	0.01	0.44**	0.22	−0.21	−0.35*	−0.48
SIC	0.21	−0.42	−0.48	0.58*	−0.29	0.36*	−0.17	−0.22	−0.23	−0.09	0.01

*、**、***分别表示在 $P<0.05$、$P<0.01$、$P<0.001$ 的水平上相关性显著 $SAR = Na^+ / \sqrt{\frac{1}{2}\sqrt{Ca^{2+} + Mg^{2+}}}$

虽然土壤无机碳仅与土壤氮磷比及电导率呈显著相关关系，但是多数情况下，土壤养分与无机碳的关系往往和土壤养分与有机碳的关系呈现相反的趋势，这与祖元刚等(2011)的观点是一致的。此外，从土壤部分指标与无机碳的负相关关系来看，有机碳减少过程中很可能伴随着土壤无机碳的提高，这与后文的结论是一致的。土壤无机碳虽然与电导率值呈显著正相关关系，但是与阳离子关系并不显著，且存在负相关趋势，这主要是水溶性阳离子未能准确表示出土壤提供阳离子

的能力，从而导致对土壤无机碳固存潜力评估的误差(Wang et al.，2015)。综上，土壤肥力、盐碱化程度等多重因素制约着土壤碳含量的大小，且对有机碳与无机碳的影响并不一致，可能存在相反的过程。

3.4.4　盐碱水稻土有机碳与无机碳的关系

碳酸盐的形成和溶解过程(以 $CaCO_3$ 为例)可用以下两个方程来表示(Wang et al.，2015)：

$$CO_2 + H_2O \longleftrightarrow HCO_3^- + H^+ \tag{3.1}$$

$$Ca^{2+} + 2HCO_3^- \longleftrightarrow CaCO_3 + CO_2 + H_2O \tag{3.2}$$

本研究中，0～30 cm 土层的有机碳与无机碳均为显著负相关关系($P<0.05$)(图 3.4)。这主要是施用有机肥使得土壤中 CO_2 浓度增加(Shi et al.，2012)，促使方程(3.1)向正反应方向进行，导致 H^+ 含量不断增加，pH 降低，形成了一定的微酸性环境，从而引起土壤中碳酸盐的分解；与此同时，不断升高的 CO_2 偏分压驱动方程(3.2)向逆反应方向进行，也消耗了一定的土壤碳酸盐。所以，有机碳与无机碳之间呈现出负相关关系。此外，有机质的添加促进了作物的生长，导致作物根部释放的有机酸含量也不断增加，这也是土壤碳酸盐溶解的一个主要原因(Guan et al.，2018)。

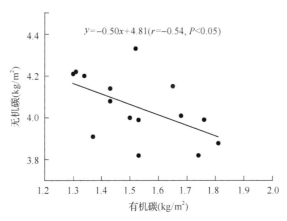

图 3.4　0～30 cm 土壤有机碳储量和无机碳储量的关系

但是有研究表明，在黄河三角洲及河北平原旱作农田中(Guo et al.，2016；Shi et al.，2017)，无论是在表层土壤中还是 0～1 m 深度，土壤有机碳与无机碳之间均呈显著的正相关关系，增加有机碳的含量可能会导致无机碳含量升高。此外，Wang 等(2014)也在中国北方农田的长期定位试验中发现有机肥与无机肥配施可以促进土壤中碳储量的增加，并且无机碳的增加量要高于有机碳，他们均认为施肥为土壤提供的碳素及 Mg^{2+}、Ca^{2+} 在偏盐碱性环境中易形成碳酸盐，从而导致了土壤无机碳的增加。然而，也有少数研究发现在黄土高原其他利用方式的表层土壤中，有机碳与无机碳呈负相关关系(Jun et al.，2008；Zhao et al.，2016)。上述研究说明，有机碳与无机碳之间的关系是极为复杂的，且影响因素较多。本研究中的上述发现表明，在滨海盐碱土中施用有机肥可能会导致土壤碳酸盐的分解，减少土壤无机碳的固存，不利于碳的固定减排。

3.5 本章小结

本研究发现，黄河三角洲滨海盐碱水稻的净光合效率、肥料农学利用效率及产量在高磷加碳(P_2C)的处理中是最优的，但该处理增大了土壤磷素的淋失风险；有机肥的施用有助于增加土壤对于磷素的利用效率，是影响土壤养分平衡的重要因素；施肥时应充分考虑土壤提供养分的能力及养分间的平衡状况。

滨海盐碱水稻土有机碳与无机碳的含量受土壤盐碱化程度、土壤肥力状况等多种因素的影响；土壤磷素对有机碳和无机碳储量的影响不显著；在 0～30 cm 和 0～60 cm 土层，土壤有机碳与无机碳之间均呈显著的负相关关系，这意味着在滨海盐碱水稻土中施用有机肥可能会减少土壤中无机碳的储量。

参 考 文 献

曹志洪. 2003. 施肥与水体环境质量——论施肥对环境的影响(2). 土壤, 35(5): 353-363.

丁效东, 张士荣, 娄金华, 等. 2016. 有机肥与磷肥配施对滨海盐渍化土壤磷素淋洗风险的影响. 生态环境学报, 25(7): 1169-1173.

高菊生, 黄晶, 董春华, 等. 2014. 长期有机无机肥配施对水稻产量及土壤有效养分影响. 土壤学报, 51(2): 314-324.

孙在金, 黄占斌, 陆兆华. 2013. 不同环境材料对黄河三角洲滨海盐碱化土壤的改良效应. 水土保持学报, 27(4): 186-190.

赵先贵, 肖玲. 2002. 控释肥料的研究进展. 中国生态农业学报, 10(3): 95-97.

祖元刚, 李冉, 王文杰, 等. 2011. 我国东北土壤有机碳、无机碳含量与土壤理化性质的相关性. 生态学报, 31(18): 5207-5216.

Ding X, Zhang S, Lou J, et al. 2016. Effects of combined organic manure and phosphorus fertilizer on the phosphorus leaching risk in coastal saline soil. Ecology and Environmental Sciences, 25: 1169-1173.

Fan F, Zhang Q, Hou M, et al. 2013. Effect of maize straw lsolation layer on alkalization characteristics and nutrient status of saline-alkali soil in West Liaohe region. Journal of Soil and Water Conservation, 27: 131-137.

Guan Q, Pu Y, Zhang X, et al. 2018. Effects of long-term fertilization on organic acids in root exudates and SOC components of red paddy soils. Soils, 50: 115-121.

Guo Y, Wang X J, Li X L, et al. 2016. Dynamics of soil organic and inorganic carbon in the cropland of upper Yellow River Delta, China. Scientific Reports, 6: 36105.

Jun Z, Guo T W, Bao X G, et al. 2008. Effections of soil organic carbon and soil inorganic carbon under long-term fertilization. Soil and Fertilizer Sciences in China, 26(2): 11-14.

Liu M Q, Hu F, Chen X Y, et al. 2009. Organic amendments with reduced chemical fertilizer promote soil microbial development and nutrient availability in a subtropical paddy field: the influence of quantity, type and application time of organic amendments. Applied Soil Ecology, 42(2): 166-175.

Mahmood I A, Ali A, Aslam M, et al. 2013. Phosphorus availability in different salt-affected soils as influenced by crop residue incorporation. International Journal of Agriculture and Biology, 15(3): 472-478.

Mi W, Sun Y, Xia S, et al. 2018. Effect of inorganic fertilizers with organic amendments on soil chemical properties and rice yield in a low-productivity paddy soil. Geoderma, 320: 23-29.

Miao Y, Stewart B A, Zhang F. 2011. Long-term experiments for sustainable nutrient management in China. A review. Agronomy for Sustainable Development, 31(2): 397-414.

Shi H J, Wang X J, Zhao Y J, et al. 2017. Relationship between soil inorganic carbon and organic carbon in the wheat-maize cropland of the North China Plain. Plant and Soil, 418(1-2): 423-436.

Shi Y, Baumann F, Ma Y, et al. 2012. Organic and inorganic carbon in the topsoil of the Mongolian and Tibetan grasslands: pattern, control and implications. Biogeosciences, 9(6): 2287-2299.

Sun Z J, Huang Z B, Lu Z H, et al. 2013. Improvement effects of different environmental materials on coastal saline-alkali soil in Yellow River Delta. Journal of Soil and Water Conservation, 27(4): 186-190.

Wang S Q, Yu G R. 2008. Ecological stoichiometry characteristics of ecosystem carbon, nitrogen and phosphorus elements. Acta Ecologica Sinica, 28(8): 3937-3947.

Wang X J, Wang J P, Xu M G, et al. 2015. Carbon accumulation in arid croplands of northwest China: pedogenic carbonate exceeding organic carbon. Scientific Reports, 5: 11439.

Wang X J, Xu M G, Wang J P, et al. 2014. Fertilization enhancing carbon sequestration as carbonate in arid cropland: assessments of long-term experiments in northern China. Plant and Soil, 380(1-2): 89-100.

Wang Z, Zhao G, Gao M, et al. 2016. Spatial variation of soil water and salt and microscopic variation of soil salinity in summer in typical area of the Yellow River Delta in Kenli County. Acta Ecologica Sinica, 36(4): 1040-1049.

Zhao W, Zhang R, Huang C Q, et al. 2016. Effect of different vegetation cover on the vertical distribution of soil organic and inorganic carbon in the Zhifanggou Watershed on the Loess Plateau. Catena, 139: 191-198.

第4章

黄河三角洲盐沼湿地
土壤呼吸的季节变化*

* 陈亮，河南大学
  孙宝玉，华东师范大学
  韩广轩，中国科学院烟台海岸带研究所

作为陆地生态系统的重要组成部分，湿地是多种温室气体重要的源和汇，影响着 CO_2 等重要温室气体的全球平衡(刘子刚，2004)。一方面，湿地是 CO_2 的汇，即湿地植物通过光合作用吸收大气中的 CO_2 将其转化为有机质，植物死亡后其残体经腐殖化作用和泥炭化作用形成腐殖质和泥炭储存在湿地土壤中，虽然其面积仅占全球陆地表面积的 3%(高娟等，2011；朱敏等，2013)，但湿地植物较高的生产量和较低的分解率使得湿地土壤能储存大量有机碳，估计可占到土壤碳总蓄积量的 11%(赵魁等，2013；江长胜等，2010)。另一方面，湿地也是温室气体的源，土壤中的有机质经微生物矿化分解产生的 CO_2 被直接释放到大气中(刘子刚，2004)。碳源的增加会加剧气候变暖，这是碳循环与气候变暖间的一个正反馈效应(杨文英等，2012)。土壤呼吸是湿地生态系统碳素回到大气的主要途径，由于湿地土壤碳库规模巨大，湿地土壤呼吸的微小变动都会引起大气 CO_2 浓度较大的变化，继而对全球气候产生影响(贾建伟等，2010)。

我国已有很多关于湿地土壤呼吸及其对环境因子和生物因子响应的研究，主要集中在九龙江口红树林湿地(金亮等，2013；卢昌义等，2012)、三江平原沼泽湿地(江长胜等，2010；杨继松等，2008)、盘锦湿地(谢艳兵等，2006)、嫩江湿地(刘霞等，2014)等地区。研究表明，湿地土壤呼吸的昼夜变化多呈现出不对称的单峰型(谢艳兵等，2006)，且同一地点不同季节测定的昼夜变化，土壤呼吸峰值出现的时间及形式也有差异(金亮等，2013；杨青和吕宪国，1999)。湿地土壤呼吸的季节动态曲线也呈单峰型(金亮等，2013；刘霞等，2014；杜紫贤等，2010；聂明华等，2011)，夏季达到峰值(刘霞等，2014)。湿地土壤呼吸动态变化通常是由环境因子和生物因子等多种因素共同作用导致的(韩广轩和周广胜，2009)，且不同湿地类型及不同环境状况下土壤呼吸变化的主导因子和机理也不同。多数学者认为在一定的范围内，湿地土壤呼吸强度与土壤温度是正相关的(谢艳兵等，2006；杨青和吕宪国，1999)，但是高温也会抑制土壤中底栖微生物的光合作用，因此土壤呼吸速率会随温度升高而降低(金亮等，2013)。同时，土壤体积含水量通过影响生物活性、土壤温度(杨青和吕宪国，1999)和土壤通透性(谢艳兵等，2006)等直接或间接影响土壤呼吸作用。另外，地表水文状况对湿地土壤呼吸也有显著影响。例如，地表积水对土壤呼吸起到抑制作用(朱敏等，2013)，毛薹草(*Carex lasiocarpa*)沼泽和小叶章(*Deyeuxia angustifolia*)草甸土壤呼吸速率随水深的增加而降低(江长胜等，2010)。黄河三角洲滨海湿地地表积水导致土壤呼吸日动态峰值推后或无单峰型规律(朱敏等，2013)。此外，生物因子也是影响湿地土壤呼吸的重要因素，其中地上生物量(王铭等，2014)、根系生物量、叶面积指数、凋落物、微生物种群是影响土壤呼吸的主要生物因子(韩广轩和周广胜，2009)。例如，地上生物量主要通过对枯落物、根系生物量、土壤有机质的影响来间接影响土壤呼吸(侯建峰等，2014)；根系呼吸占生长季土壤呼吸的比例呈单峰型变化(张晓雨等，2014)，可见植物根系对湿地土壤呼吸特别是生长季湿地土壤呼吸的影响是不可忽略的；叶面积指数表征植物光合生产力状况(陈书涛等，2013)，是解释生长季土壤呼吸变异的重要指标。

虽然国内针对湿地土壤呼吸的研究已有不少，但仍存在土壤呼吸测定频率低[每季测定一次(卢昌义等，2012；贾红丽，2014；秦璐等，2014)、每月测定一次(朱敏等，2013；赵魁等，2013；金亮等，2013；杨继松等，2008；聂明华等，2011)、两周测定一次(高娟等，2011；杜紫贤等，2010)或者一周测定两次(郝庆菊等，2004；王德宣等，2005)]、注重生长季尺度而缺乏全年尺度研究(高娟等，2011；朱敏等，2013；杨继松等，2008；刘霞等，2014；汪浩等，2014)、对湿地土壤呼吸白天动态变化的研究多而对夜间动态变化的研究较少(高娟等，2011；朱敏等，2013；金亮等，2013；谢艳兵等，2006)等不足。针对这些问题，本研究于 2013 年采用 LI-8100 多通道土壤 CO_2 交换通量自动测量系统对黄河三角洲滨海湿地土壤呼吸进行了全年自动连续测定(每 2h 测定一次)，通过分析土壤呼吸日动态和季节动态，阐明环境因子和生物因子对湿地土壤呼吸的协同影响机制，在此基础上对黄河三角洲滨海湿地土壤呼吸进行动态模拟，并将其与国内其他湿地平均土壤呼吸速率进行了对比分析。

4.1　数据监测及分析

4.1.1　土壤呼吸测定

在试验站内选择芦苇-碱蓬典型群落样地布设 LI-8100A 自动土壤 CO_2 交换通量测量系统(LI-COR，Inc，Lincoln，NE，USA)，在其周围随机布置 4 个重复的 PVC 环(高 11.4 cm，直径 21.3 cm，插入土壤深度为 8 cm，编号分别为 1、3、5、7)，将 8100-104 长期观测气室与 PVC 环固定在一起并与 LI-8150 多路器相连接，使用交流电变压为系统提供长期供电。初次测定在 PVC 环插入土壤 24 h 后进行，以减少放置 PVC 环对土壤的扰动造成对土壤呼吸速率的影响，之后每隔 2 h 测定一次，连测一年(2013 年)。在尽可能不扰动地表凋落物的条件下定期剪除 PVC 环内的绿色植物并定期检查数据和维护设备以保证全年测定稳定进行。

4.1.2　环境因子和生物因子的测定

通过试验区的微气象观测站全天候 24h 自动采集气温和降水量等气象数据，其中气温由距地面 3 m 高处的空气温湿度传感器(HMP45C，Vaisala，

Helsinki，Finland)测定，降水量通过距地面 0.7 m 高处的自动雨量计(TE525MM，Texas Electronics，Dallas USA)测定。土壤因子监测主要包括对土壤温度和土壤湿度(体积含水量)的测定，其中土壤温度通过埋深 5 cm、10 cm、20 cm、30 cm、50 cm 的土壤温度传感器(109SS，Campbell Scientific，North Logan，USA)测定，土壤湿度由埋深 10 cm、20 cm、40 cm、60 cm、80 cm、100 cm 的土壤湿度传感器(Enviro SMART SDI-12，EnviroScan，Lancaster，USA)测定。以上数据均通过数据采集器(CR1000，Campbell，USA)每 30 min 在线采集一次，自动存储并计算平均值。

地上生物量采集在生长季进行，从 5 月初开始，到 10 月底结束，每月采集 2 次。地上生物量测定采用收割法，在土壤呼吸测定样点附近随机选取 5 个 0.5 m×0.5 m 的样方，采集生物量前首先进行植被调查，即对样方内各种植被的株数、株高、盖度、频数等指标进行记录，然后用剪刀将样方内的全部植物齐地面剪下，将剪下的植物样品装入牛皮纸样品袋中带回室内，剔除其中的枯草后将其置于鼓风干燥箱内，在 105℃下杀青 1 h，然后在 70℃条件下烘干至恒重并称重记录。本试验中叶面积指数通过植物冠层分析仪(LAI-2000，LI-COR Inc，USA)来测定，其假设条件是叶片不透光、无反射、叶片排列和位置分布随机。叶面积指数测量于生长季进行，每 8 d 测量一次，每次随机测量 5 组数据并取平均值。

4.1.3　数据分析

使用 Excel 2007 进行数据整理，使用 SPSS 21.0 进行数据统计分析，图表和动态曲线通过 SigmaPlot 12.5 绘制。

运用相关分析法分析各环境因子和生物因子与土壤呼吸的关系并进行显著性检验和回归分析。其中，非线性回归法分析土壤呼吸速率与气温的关系采用(4.1)式所示的指数模型进行模拟，土壤呼吸对温度变化响应的敏感程度由(4.2)式计算。

$$R_s = ae^{bt} \tag{4.1}$$

$$Q_{10} = e^{10b} \tag{4.2}$$

式中，R_s 为土壤呼吸速率[μmol CO$_2$/(m^2·s)]；t 为气温(℃)；a、b 为拟合参数；Q_{10} 为土壤呼吸的温度敏感性系数。此外，使用多元回归分析法分析生长季各环境和生物因子对土壤呼吸的协同影响，并分别使用线性和指数方程拟合土壤呼吸与地上生物量和叶面积指数的关系。

4.2　黄河三角洲滨海湿地环境因子和生物因子的季节变化

黄河三角洲滨海湿地 2013 年全年平均气温约为 12.09℃，与多年年平均气温相当，最高月(8 月)和最低月(1 月)气温分别为 27.63℃和-4.63℃，气温与地下 10 cm 深度土壤温度的季节变化趋势较为接近，温度值差异亦不大，但二者与地下 5 cm 深度土壤温度值及季节变化趋势存在一定差异(图 4.1a)。试验区 2013 年全年降水量约为 634.1 mm，略高于该区年平均降水量(530～630 mm)，降水主要集中在 7～9 月，占到年降水量的 65.6%。生长季土壤体积含水量变化趋势与同期降水量相一致(图 4.1b)。10 cm 深度土壤体积含水量与 20 cm 深度土壤体积含水量的平均值分别为 44.2%和 50.4%，其中，10 cm 深度土壤湿度的波动较明显(图 4.1b)。生长季地上生物量和叶面积指数具有明显动态变化(图 4.1c)，初期植被快速生长，但在刚进入雨季时增速放缓，地上生物量的最大值出现在 8 月底，为$(635.5\pm46.2)\,g/m^2$；生长季末期地上生物量减少。叶面积指数同样呈现出先增后降的趋势，最大值出现在 7 月底，数值约为 0.62。

4.3　黄河三角洲盐沼湿地土壤呼吸动态变化

4.3.1　黄河三角洲滨海湿地土壤呼吸的日动态

黄河三角洲滨海湿地土壤呼吸日变化呈现出明显的季节变化，主要有以下 3 种表现：①在未受干扰月份，土壤呼吸速率最大值出现在 12:00～14:00，最小值出现在凌晨 4:00～6:00，这与气温日变化相近，但各月土壤温度最大值较前二者均表现出 2 h 的滞后；②在温度最低的 1 月，除上午 8:00～10:00 外，白天土壤呼吸速率均低于夜间，且 8:00～18:00 土壤呼吸变化与气温变化呈相反趋势，5 cm 深度土壤温度日变化不显著；③在雨季(7～9 月)，土壤呼吸日动态也发生改变，最低值均出现在温度快速上升的 8:00～10:00，7 月和 9 月日动态无明显规律，8 月白天土壤呼吸动态与气温日动态表现出相反趋势，且白天土壤呼吸速率明显低于夜间(图 4.2)。

黄河三角洲滨海湿地土壤呼吸日动态曲线主要表现为单峰型和非单峰型两种。在未受干扰的条件下，黄河三角洲滨海湿地土壤呼吸日动态曲线呈单峰型，与锡林河中游湿地(高娟等，2011)、杭州湾滨海湿地(杨文英等，2012)、九龙江口秋茄红树林湿地(卢昌义等，2012)等地区的研究结果一致。在土壤冻结和地表积水等影响下，黄河三角洲滨海湿地土壤呼吸日动态曲线呈非单峰型，因土壤封冻，该区 1 月 5 cm 深度土壤温度日变化不明显(图 4.2)，土壤呼吸日动态与气温相关性较高(图 4.2)，在 8:00～18:00 土壤呼吸动态与气温呈相反趋势，这可能是由气温日变化影响下的表层土壤冻融过程所引起的。在其他湿地的研究中也出现过土壤封冻改变土壤呼吸日动态的类似现象，如冰冻期盘锦湿地芦苇群落土壤呼吸日动态呈双峰曲线，土壤呼吸的最高值分别出现在 7:00 和 15:00 左右，最低值

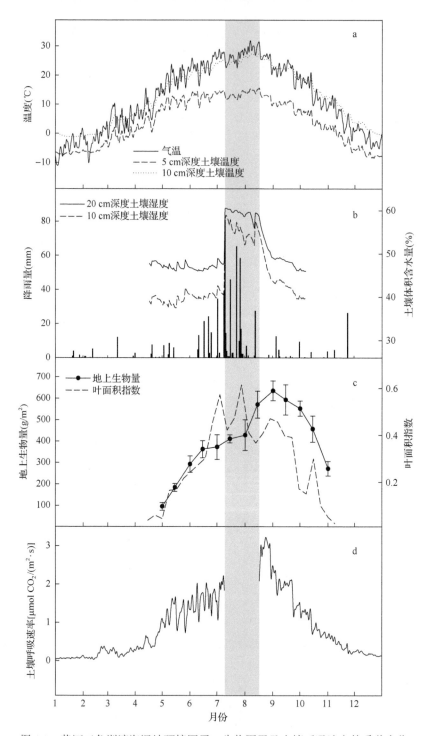

图 4.1 黄河三角洲滨海湿地环境因子、生物因子及土壤呼吸速率的季节变化

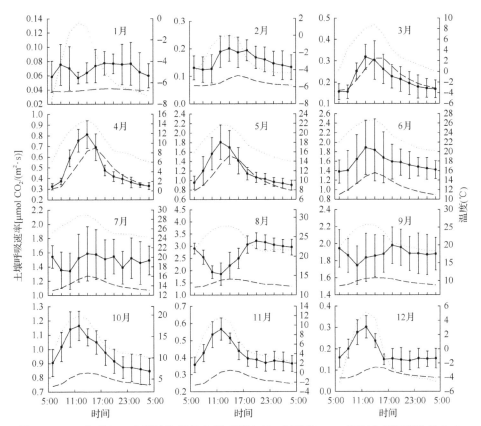

图 4.2　2013 年黄河三角洲滨海湿地土壤呼吸速率、气温和 5 cm 深度土壤温度的日动态
——•—— 土壤呼吸速率；·········· 气温；- - - - 5 cm 深度土壤温度

出现在 11:00 前后，与气温日变化相反（谢艳兵等，2006），此外，九龙江口秋茄红树林湿地 1 月的土壤呼吸日动态也发生了改变（卢昌义等，2012）。在雨季，特别是 8 月，黄河三角洲滨海湿地白天土壤呼吸动态与气温变化同样呈现出相反趋势，与朱敏等（2013）在本研究区观测所得结果具有一致性，这可能是因为雨季土壤湿度达到饱和时，土壤温度波动趋势发生改变，使峰值滞后，进而影响了土壤呼吸日动态的波动规律。此外，雨季 PVC 环中的少量积水也会抑制土壤微生物的活性，减弱土壤呼吸作用（张徐源等，2012），同时水体可以溶解部分 CO_2，使 CO_2 排放量减少（朱敏等，2013）。在其他湿地研究中也出现过雨季土壤呼吸日动态呈非单峰型的情况（卢昌义等，2012；杜紫贤等，2010）。

4.3.2　黄河三角洲滨海湿地土壤呼吸的季节动态

黄河三角洲滨海湿地土壤呼吸速率季节变化总体呈单峰型（图 4.1d）。全年土壤呼吸速率均值为 $[0.85\ \mu mol\ CO_2/(m^2 \cdot s)]$，其中最高值出现在 8 月 25 日

[3.08 μmol CO$_2$/(m^2·s)], 最低值出现在 2 月 13 日[0.02 μmol CO$_2$/(m^2·s)]。从 2013 年 1 月到 7 月初土壤呼吸速率呈逐步上升趋势, 7 月初进入雨季后土壤呼吸波动性增强。7 月 10 日至 8 月 16 日, 因降雨量大, 试验区地面大量积水, PVC 环被积水淹没而导致土壤呼吸无法测量(图 4.1 中阴影部分表示积水时段)。8 月 17 日积水消退恢复测量, 土壤呼吸速率再次呈现出迅速上升趋势, 并在 8 月 24 日达到全年最高日均值[(3.22±0.49) μmol CO$_2$/(m^2·s)], 9~12 月土壤呼吸速率逐步下降。

黄河三角洲滨海湿地土壤呼吸的季节动态总体表现为夏季高于冬季、生长季高于非生长季, 全年呈单峰型曲线, 其变化受环境因子和生物因子共同影响。春季温度回升, 土壤微生物活性增强, 特别是进入生长季后植物萌发, 根系呼吸加强, 土壤呼吸速率呈上升趋势; 夏季是植物生长旺季, 也是水热条件最好的季节, 土壤呼吸速率在 8 月达到峰值; 8 月中旬到植物生长季末期, 随着温度降低、降水减少、植物生长的衰退和枯萎, 土壤呼吸速率逐渐下降; 在非生长季土壤呼吸速率始终保持较低的值, 远小于生长季。这些现象与很多关于湿地土壤呼吸的研究结果相同, 九龙江口秋茄红树林湿地的土壤呼吸季节动态基本呈单峰曲线, 最高值和最低值分别出现在 7 和 12 月, 这一动态与气象因子的变化有关(金亮等, 2013); 2007 年 7 月至 2008 年 5 月, 长江口潮滩的 4 个典型区域采样点土壤呼吸动态均可看作单峰型变化, 高值区出现在温度最高的夏季(聂明华等, 2011); 三江平原草甸湿地土壤呼吸动态在生长季呈单峰型曲线, 土壤呼吸速率最大值出现在 8 月中旬(杨继松等, 2008)。

国内各湿地土壤呼吸速率平均值存在较大差异(表 4.1), 这主要是由各区域湿地所处的不同气候和植被状况引起的, 同时也与测定仪器和频率的不同有关。黄河三角洲滨海湿地年平均土壤呼吸速率为 0.85 μmol CO$_2$/(m^2·s), 低于三江平原小叶章沼泽化草甸(江长胜等, 2010)、干旱区艾比湖湿地(秦璐等, 2014)、九龙江口红树林湿地(卢昌义等, 2012), 高于长江口潮滩, 与三江平原毛薹草沼泽湿地相当, 总体处于中等偏下水平。也有研究发现, 黄河三角洲自然保护区土壤呼吸速率年平均值为 0.24 μmol CO$_2$/(m^2·s)(贾红丽, 2014), 明显低于本研究, 这可能与其采取每个季节仅选择一昼夜测定土壤呼吸日动态而非连续观测有关。就生长季而言, 国内湿地年平均土壤呼吸速率在 0.60~5.19 μmol CO$_2$/(m^2·s)(高娟等, 2011; 朱敏等, 2013; 杨继松等, 2008; 刘霞等, 2014; 郝庆菊等, 2004; 王德宣等, 2005; 汪浩等, 2014; 王建波等, 2014; 胡启武等, 2011; 杨柯等, 2011), 黄河三角洲滨海湿地 2013 年生长季平均土壤呼吸速率[1.22 μmol CO$_2$/(m^2·s)]与其他湿地相比处于较低水平, 与青藏高原高寒湿地相当(汪浩等, 2014), 仅高于杨柯等(2011)在扎龙湿地水旱交错区所测结果, 但低于黄河三角洲滨海湿地 2012 年生长季的测定结果[1.67 μmol CO$_2$/(m^2·s)](朱敏等, 2013), 这可能是因为其在 2012 年仅对土壤呼吸白天的动态(6:00~18:00)进行了测量, 没有考虑夜间土壤呼吸速率降低的情况。

表 4.1　黄河三角洲滨海湿地土壤呼吸与国内其他地区湿地的比较

湿地类型	地点	气温(℃)	降雨量(mm)	时间尺度	测定频率/时间	测定方法	植被	土壤呼吸速率 [$\mu mol\ CO_2/(m^2 \cdot s)$]	参考文献
沼泽湿地	大兴安岭寒温带岛状林沼泽湿地	-3	500	生长季	10天1次/9:00~11:00	静态暗箱/气相色谱	白桦 Betula platyphylla	2.33	刘霞等, 2014
							落叶松 Larix gmelini	1.97	
	三江平原漂筏苔草沼泽	1.90	600	7~10月	每周2次/9:00~11:00	静态暗箱/气相色谱	漂筏苔草 Carex pseudocuraica	1.40	郝庆菊等, 2004
		1.90	600	8~10月	每周2次/9:00~11:00	静态暗箱/气相色谱	小叶草 Deyeuxia angustifolia	2.43	郝庆菊等, 2004
	三江平原小叶草沼泽泽化草甸	1.90	550~600	全年	2天1次、每周2次、每月1次/9:00~11:00	静态暗箱/气相色谱	小叶草 Deyeuxia angustifolia	1.27	江长胜等, 2010
		1.90	600	生长季	每月3次	静态暗箱碱液吸收法	小叶草 Deyeuxia angustifolia	1.14	杨继松等, 2008
		1.90	550~600	生长季	每月1次/8:30~11:30	红外 CO_2 分析仪	小叶草 Deyeuxia angustifolia	5.19	胡启武等, 2011
	三江平原毛薹草沼泽湿地	1.6~1.9	565~600	生长季	每月3次	静态暗箱碱液吸收法	小叶草 Deyeuxia angustifolia	1.62	杨继松等, 2008
		1.90	550~600	全年	2天1次、每周2次、每月1次/9:00~11:00	静态暗箱/气相色谱	毛薹草 Carex lasiocarpa	0.83	江长胜等, 2010
	三江平原恢复湿地	1.90	600.00	8~10月	每周2次/9:00~11:00	静态暗箱/气相色谱	—	2.18	郝庆菊等, 2004
	青藏高原寒湿地	-1.14	489.02	7~9月	1~2周1次/9:00~12:00	红外 CO_2 分析仪	帕米尔薹草、西藏嵩草 Carex pamirensis, Kobresia tibetica	1.20	汪浩等, 2014
	若尔盖高原沼泽化草甸	-1.7~3.3	650~750	生长季	每周2次 24h 日动态	静态暗箱/气相色谱	西藏嵩草、花葶驴蹄草 Kobresia tibetica, Caltha scaposa	2.69	王德宣等, 2005

续表

湿地类型	地点	气温(℃)	降雨量(mm)	时间尺度	测定频率/时间	测定方法	植被	土壤呼吸速率 [μmol CO₂/(m²·s)]	参考文献
河流湿地	锡林河中游典型草原区草甸湿地	—	—	8~10月	每月2次/6:00~18:00	红外 CO₂ 分析仪	羊草 *Leymus chinensis* / 根茎冰草 *Agropyron michnoi*	围封样地 4.94 / 放牧样地 4.89	高娟等，2011
湖泊湿地	鄱阳湖苔草湿地	17.6	1450~1550	9月至次年4月 / 9~10月	每月2次/9:00~11:00	静态暗箱/气相色谱	灰化苔草 *Carex cinerascens*	1.81 / 3.61	杨柯等，2011
	干旱区艾比湖湿地	6~8	90.9	3年	每季1次/6:00~18:00	红外 CO₂ 分析仪	胡杨、芦苇 *Populus euphratica, Phragmites australis*	1.11	秦璐等，2014
	扎龙湿地水旱交错区	—	—	5~8月	每月2次/24h日动态	红外 CO₂ 分析仪	芦苇 *Phragmites australis*	白天 0.60 / 夜晚 0.40	Peng et al., 2009
滨海湿地	长江口潮滩	15.2~15.7	1149	全年	每月2次/9:00~11:00	静态暗箱/气相色谱	海三棱藨草 *Scirpus mariqueter*	吴淞口 0.65 / 白龙港 0.21 / 东海农场 0.14 / 奉新 0.12	聂名华等，2011
	九龙江口秋茄红树林湿地	21	1371	全年	每个季节1次/24h日动态	红外 CO₂ 分析仪	秋茄树 *Kandelia candel*	2.50	卢昌义等，2012
		11.7~12.6	530~630	全年	每个季节1次/24h日动态	红外 CO₂ 分析仪	芦苇 *Phragmites australis*	0.24	贾红丽等，2014
		12.9	530~630	生长季	每月2次/6:00~18:00	红外 CO₂ 分析仪	芦苇 *Phragmites australis*	1.67	朱敏等，2013
	黄河三角洲芦苇湿地	12.09	634.1	生长季	连续测定/24h日动态	红外 CO₂ 分析仪	芦苇、盐地碱蓬 *Phragmites australis, Suaeda salsa*	1.22	本研究
		12.09	634.1	非生长季				0.21	
		12.09	634.1	全年				0.85	

4.4 环境因子和生物因子对黄河三角洲滨海湿地土壤呼吸的影响

4.4.1 全年尺度上土壤温度对土壤呼吸的影响

由图 4.3 可知，土壤呼吸速率日均值与 10 cm 深度土壤温度具有显著相关性。回归分析表明，土壤呼吸速率与 10 cm 深度土壤温度呈极显著的指数函数关系（$R^2=0.875$），土壤呼吸的温度敏感性系数 Q_{10} 为 2.51。

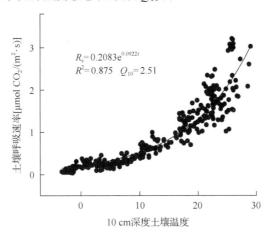

图 4.3　土壤呼吸速率与 10 cm 深度土壤温度的指数函数关系

4.4.2 生长季尺度上土壤体积含水量和叶面积指数对土壤呼吸的协同影响

多元回归分析发现，在生长季，土壤体积含水量和叶面积指数对土壤呼吸的协同影响达到 85%，二者分别可解释生长季土壤呼吸 73% 和 12% 的变化（表 4.2）。而土壤温度的影响在逐步回归中被剔除。

表 4.2　多元回归分析黄河三角洲湿地生长季土壤体积含水量和叶面积指数对土壤呼吸的影响

参数	土壤呼吸				
	系数	标准差	t	P	R^2
常数	−3.756	0.909	−4.13	0.001	
10 cm 深度土壤体积含水量	0.118	0.024	5.00	<0.001	0.73
叶面积指数 LAI	1.634	0.478	3.42	0.005	0.12
模型	$R^2=0.85$				

注：方程 SR = a + b×SWC + c×LAI，（方程是线性方程，在回归分析中用于解释 SR 和 SWC、LAI 的关系，其中，a 表示常数系数。b 表示 10 cm 深度土壤体积含水量系数。c 表示叶面积指数 LAI 系数，即 a=−3.756，b=0.118，c=1.634）

4.5　黄河三角洲滨海湿地土壤呼吸的影响机制

很多研究结果表明，温度是调节和控制陆地生态系统生物地球化学过程的关键因子(聂明华等，2011；Peng et al.，2009)，对湿地土壤微生物活性及植物的生理活动均有重要影响，进而影响土壤呼吸速率，是影响土壤呼吸的重要因素(陈书涛等，2013)。本研究结果也表明，土壤温度是控制黄河三角洲滨海湿地土壤呼吸日变化和季节变化的关键因子，使用指数函数，土壤温度可解释全年土壤呼吸87.5%的变异。土壤呼吸主要是指植物的根和土壤微生物的呼吸(夏雪和车升国，2011)，而温度对湿地土壤微生物活性及植物的生理活动均有重要影响：其一，在一定范围内，温度的升高可以增强微生物的活性，促进微生物的代谢(Wan and Luo，2003)和氧化分解等活动(赵魁等，2013)，加快凋落物的分解(Peng et al.，2009)，从而促进土壤微生物呼吸；其二，温度升高会促进植物及植物根系的生长(秦璐等，2014)，增强根系呼吸；其三，温度升高可以加快凋落物的分解(Peng et al.，2009)，进而促进土壤碳的积累；其四，温度升高可促进土壤中储存的大量碳的分解(沙晨燕等，2015)和土壤 CO_2 的传输与排放(陈全胜等，2003；秦小光等，2004)，因而在一定范围内温度升高能增大土壤 CO_2 的排放速率(卢妍等，2008；Zheng et al.，2009)。但温度过高也会抑制土壤中底栖微生物的光合作用，进而降低土壤呼吸速率(金亮等，2013)。

在生长季尺度上，土壤体积含水量和叶面积指数对黄河三角洲滨海湿地土壤呼吸的协同影响达到85%，二者分别可解释生长季土壤呼吸73%和12%的变化。土壤水分对土壤呼吸的影响较为复杂，不仅影响根系呼吸和微生物呼吸，同时还影响 CO_2 在土壤中的传输，尤其是当土壤水分成为胁迫因子时，可能取代温度而成为土壤呼吸的主要控制因子(王铭等，2014；贾丙瑞等，2004)。土壤体积含水量过低会影响植物根系和微生物的代谢活动，从而限制微生物呼吸和根系呼吸(Liang et al.，2003)；土壤体积含水量比较充足时，其不是土壤呼吸的主要限制因子；而当土壤体积含水量超过一定的阈值时，会阻塞土壤空隙，减少土壤中的 CO_2 浓度，限制 CO_2 的释放(王铭等，2014；Bouma et al.，1997)；土壤体积含水量还是控制凋落物分解速率及其分解过程的重要因素(Jia et al.，2006)，是好氧微生物活性最主要的控制因素(Liang et al.，2003)。相对于其他生态系统，湿地受湿度过低影响而对土壤呼吸产生胁迫的情况较少(谢艳兵等，2006)，有不少湿地土壤呼吸与土壤体积含水量不相关的报道(聂明华等，2011；杨柯等，2011)。但在本研究中，土壤体积含水量是影响生长季土壤呼吸速率的主要因子。叶面积指数是衡量植被覆盖度的指标之一，在模拟土壤呼吸变异时常被作为植物特征变量(汪浩等，2014；Bahn et al.，2008)。叶面积指数不仅可以反映植物的生产力状况，其大小还可以直接影响植被覆盖下土壤的微气候,对土壤呼吸的季节变化有重要影响。很多研究表明,无论是区域尺度还是全球尺度上土壤呼吸与叶面积指数均呈正相关关系(Peng et al.,2009)。叶面积指数作为表征植物光合作用强度的一个关键指标,其大小决定了输送到地下的植物光合产物的多少(陈书涛等,2013),从而影响微生物的呼吸速率,并对土壤呼吸产生影响。本研究结果表明,在2013年植物生长季,黄河三角洲滨海湿地土壤呼吸与叶面积指数间存在极显著的指数函数关系($R^2 = 0.69$),可见叶面积指数是控制植物生长季土壤呼吸变异的重要因子。

此外,地上生物量也是影响黄河三角洲滨海湿地土壤呼吸的重要因子,可解释生长季54.7%的土壤呼吸变化。地上生物量主要通过影响枯落物、根系生物量、土壤有机质来影响土壤有机碳库,从而影响土壤呼吸速率(侯建峰等,2014)。地上生物量最大的植物群落拥有最强的根系活性(王铭等,2014),土壤根呼吸速率也会随之升高。例如,湖南会同地区衫木林下植被被剔除2年后,土壤呼吸速率下降了32.8%(贺同鑫等,2015),可见地上生物量对土壤呼吸的巨大贡献。在其他生态系统的研究中也出现过与本文结果类似的结论(汪浩等,2014),如松嫩平原草甸土壤呼吸速率与植被的地上生物量存在显著的正相关关系(王铭等,2014)。但朱敏等(2013)在本试验区的研究却得到相反的结果,这可能是由于2012年夏季本试验区有台风过境,生长季降水量达到788.7 mm(朱敏等,2013),远高于正常年份,土壤水分达到饱和状态,土壤呼吸作用受到抑制,从而削弱了地上生物量对生长季土壤呼吸变化的影响。

参 考 文 献

陈全胜, 李凌浩, 韩兴国, 等. 2003. 水热条件对锡林河流域典型草原退化群落土壤呼吸的影响. 植物生态学报, 27(2): 202-209.

陈书涛, 刘巧辉, 胡正华, 等. 2013. 不同土地利用方式下土壤呼吸空间变异的影响因素. 环境科学, 34(3): 1017-1025.

崔步礼, 常学礼, 陈雅琳, 等. 2006. 黄河水文特征对河口海岸变化的影响. 自然资源学报, 21(6): 957-964.

杜紫贤, 曾宏达, 黄向华, 等. 2010. 城市沿江芦苇湿地土壤呼吸动态及影响因子分析. 亚热带资源与环境学报, 5(3): 49-55.

高娟, 王立新, 王炜, 等. 2011. 放牧对典型草原区湿地植物群落土壤呼吸的影响. 内蒙古大学学报(自然科学版), 42(4): 404-411.

韩广轩, 栗云召, 于君宝, 等. 2011. 黄河改道以来黄河三角洲演变过程及其驱动机制. 应用生态学报, 22(2): 467-472.

韩广轩, 周广胜. 2009. 土壤呼吸作用时空动态变化及其影响机制研究与展望. 植物生态学报, 33(1): 197-205.

郝庆菊, 王跃思, 宋长春, 等. 2004. 三江平原湿地土壤 CO_2 和 CH_4 排放的初步研究. 农业环境科学学报, 23(5): 846-851.

贺同鑫, 李艳鹏, 张方月, 等. 2015. 林下植被剔除对杉木林土壤呼吸和微生物群落结构的影响. 植物生态学报, 39(8): 797-806.

侯建峰, 吕晓涛, 王超, 等. 2014. 中国北方草地土壤呼吸的空间变异及成因. 应用生态学报, 25(10): 2840-2846.

胡启武, 幸瑞新, 朱丽丽, 等. 2011. 鄱阳湖苔草湿地非淹水期 CO_2 释放特征. 应用生态学报, 22(6): 1431-1436.

贾丙瑞, 周广胜, 王凤玉, 等. 2004. 放牧与围栏羊草草原生态系统土壤呼吸作用比较. 应用生态学报, 15(9): 1611-1615.

贾红丽. 2014. 黄河三角洲典型湿地表观土壤呼吸通量及有机碳矿化动态模拟. 中国海洋大学硕士学位论文.

贾建伟, 王磊, 唐玉姝, 等. 2010. 九段沙不同演替阶段湿地土壤微生物呼吸的差异性及其影响因素. 生态学报, 30(17): 4529-4538.

江长胜, 郝庆菊, 宋长春, 等. 2010. 垦殖对沼泽湿地土壤呼吸速率的影响. 生态学报, 30(17): 4539-4548.

金亮, 卢昌义, 叶勇, 等. 2013. 九龙江口秋茄红树林湿地土壤呼吸速率的季节变化及其与环境因子的相关性. 应用海洋学学报, 32(4): 557-562.

李华兵, 杜国云, 张贵军. 2012. 黄河三角洲芦苇群落土壤呼吸日动态研究. 鲁东大学学报(自然科学版), 28(1): 67-71.

刘霞, 胡海清, 李为海, 等. 2014. 寒温带岛状林沼泽土壤呼吸速率和季节变化. 生态学报, 34(24): 7356-7364.

刘子刚. 2004. 湿地生态系统碳储存和温室气体排放研究. 地理科学, 24(5): 634-639.

卢昌义, 金亮, 叶勇, 等. 2012. 秋茄红树林湿地土壤呼吸昼夜变化及其温度敏感性. 厦门大学学报(自然科学版), 51(4): 793-797.

卢妍, 宋长春, 王毅勇, 等. 2008. 三江平原毛苔草沼泽 CO_2 排放通量日变化研究. 湿地科学, 6(1): 69-74.

聂明华, 刘敏, 侯立军, 等. 2011. 长江口潮滩土壤呼吸季节变化及其影响因素. 环境科学学报, 31(4): 824-831.

秦璐, 吕光辉, 张雪妮, 等. 2014. 干旱区艾比湖湿地土壤呼吸的空间异质性. 干旱区地理, 37(4): 704-712.

秦小光, 蔡炳贵, 吴金水, 等. 2004. 北京灵山草地土壤 CO_2 源汇和排放通量与温度湿度昼夜变化的关系. 生态环境学报, 13(4): 470-475.

沙晨燕, 谭娟, 王卿, 等. 2015. 不同类型河滨湿地甲烷和二氧化碳排放初步研究. 生态环境学报, 24(7): 1182-1190.

汪浩, 于凌飞, 陈立同, 等. 2014. 青藏高原海北高寒湿地土壤呼吸对水位降低和氮添加的响应. 植物生态学报, 38(6): 619-625.

王德宣, 宋长春, 王跃思, 等. 2005. 若尔盖高原泥炭沼泽湿地 CO_2 呼吸通量特征. 生态环境学报, 14(6): 78-81.

王建波, 倪红伟, 付晓玲, 等. 2014. 三江平原小叶章沼泽化草甸土壤呼吸对模拟氮沉降的响应. 湿地科学, 12(1): 66-72.

王铭, 刘兴土, 张继涛, 等. 2014. 松嫩平原西部草甸草原 5 种典型植物群落土壤呼吸的时空动态. 植物生态学报, 38(4): 396-404.

夏雪, 车升国. 2011. 陆地生态系统有机碳储量和碳排放的研究进展. 中国农学通报, 27(29): 214-218.

谢艳兵, 贾庆宇, 周莉, 等. 2006. 盘锦湿地芦苇群落土壤呼吸作用动态及其影响因子分析. 气象与环境学报, 22(4): 53-58.

杨继松, 刘景双, 孙丽娜. 2008. 三江平原草甸湿地土壤呼吸和枯落物分解的 CO_2 释放. 生态学报, 28(2): 805-810.

杨柯, 刘国栋, 刘飞, 等. 2011. 扎龙湿地水旱交错区土壤呼吸研究. 地学前缘, 18(6): 94-100.

杨青, 吕宪国. 1999. 三江平原湿地生态系统土壤呼吸动态变化的初探. 土壤通报, (6): 254-256.

杨文英, 邵学新, 吴明, 等. 2012. 短期模拟增温对杭州湾滨海湿地芦苇群落土壤呼吸速率的影响. 西南大学学报(自然科学版), 34(3): 83-89.

张晓雨, 张赛, 王龙昌, 等. 2014. 秸秆覆盖条件下小麦生长季根系呼吸对土壤呼吸作用的贡献. 环境科学学报, 34(11): 2846-2852.

张徐源, 闫文德, 郑威, 等. 2012. 氮沉降对湿地松林土壤呼吸的影响. 中国农学通报, 28(22): 5-10.

赵魁, 姚多喜, 张治国, 等. 2013. 大通芦苇生态湿地土壤呼吸特征及其影响因子. 中国农学通报, 29(11): 126-131.

朱敏, 张振华, 于君宝, 等. 2013. 氮沉降对黄河三角洲芦苇湿地土壤呼吸的影响. 植物生态学报, 37(6): 517-529.

Bahn M, Rodeghiero M, Anderson-Dun M，et al. 2008. Soil respiration in European grasslands in relation to climate and assimilate supply. Ecosystems, 11(8): 1352-1367.

Bouma T J, Nielsen K L, Eissenstat D M. 1997. Estimating respiration of roots in soil: Interactions with soil CO_2, soil temperature and soil water content. Plant and Soil, 195(2): 221-232.

Han G X, Luo Y Q, Li D J, et al. 2014. Ecosystem photosynthesis regulates soil respiration on a diurnal scale with a short-term time lag in a coastal wetland. Soil Biology and Biochemistry, 68(1): 85-94.

Jia B, Zhou G, Wang F, et al. 2006. Effects of temperature and soil water content on soil respiration of grazed and ungrazed *Leymus chinensis* steppes, Inner Mongolia. Journal of Arid Environments, 67(1): 60-67.

Liang C, Das K C, McClendon R W. 2003. The influence of temperature and moisture contents regimes on the aerobic microbial activity of a biosolids composting blend. Bioresource Technology, 86(2):131-137.

Peng S S, Piao S L, Wang T, et al. 2009. Temperature sensitivity of soil respiration in different ecosystems in China. Soil Biology and Biochemistry, 41(5): 1008-1014.

Reichstein M, Rey A, Freibauer A, et al. 2003. Modeling temporal and large-scale spatial variability of soil respiration from soil water availability, temperature and vegetation productivity indices. Global Biogeochemical Cycles, 17(4): 1104.

Wan S Q, Luo Y Q. 2003. Substrate regulation of soil respiration in a tall grass prairie: results of a clipping and shading experiment. Global Biogeochemical Cycles, 17(2): 1054.

Zheng Z M, Yu G R, Wang Y S, et al. 2009. Temperature sensitivity of soil respiration is affected by prevailing climatic conditions and soil organic carbon content: a trans-China based case study. Soil Biology and Biochemistry, 41(7): 1531-1540.

第 5 章

黄河三角洲盐碱地土壤 CO_2 浓度及地表 CO_2 交换通量的动态变化[*]

[*] 王钧漪，王秀君，北京师范大学全球变化与地球系统科学研究院
王先鹤，鲁东大学土木工程学院
韩广轩，中国科学院烟台海岸带研究所

陆地生态系统碳库是地球碳循环的重要组成部分，其表层 1 m 深有机碳储量达 1502Pg(Jobbagy and Jackson，2000)，约是大气碳库(750Pg)的 2 倍，因此即便是陆地碳库只发生了微小的变化也会对大气 CO_2 浓度产生重要的影响。土壤碳库是陆地生态系统最大的有机碳库(Schlesinger，1997)。最新研究表明，土壤 CO_2 排放是陆地生态系统的第二大碳通量，其速率可达(94.3 ± 17.9)Pg/a(以 C 计) (Xu and Shang，2016)。国内外就土壤 CO_2 排放已经开展了很多研究，但多数集中在森林、农田和草原生态系统(Gui et al.，2018；魏书精等，2013；俞永祥等，2015)，对盐碱湿地生态系统的研究还不足。因此，研究盐碱湿地土壤 CO_2 的动态变化及其机制可以为完善陆地生态系统碳循环理论提供依据。

全球有 100 多个国家存在盐碱地土壤，总面积高达 9.53 亿 hm^2，且以 100 万～150 万 hm^2/a 的速率在增加。中国盐碱地土壤分布广泛，滨海湿地是我国第二大分布区，面积约为 800 万 hm^2(张翼夫等，2017)。近年来有研究表明，广泛分布盐碱土的滨海湿地具有很大的碳汇潜力。例如，王秀君等(2016)发现，我国黄河三角洲盐沼湿地 CO_2 生态系统交换量与总初级生产力的比值明显高于与之纬度相近的美国圣华金三角洲，具有较强的固碳能力。因此，深入研究黄河三角洲滨海湿地盐碱土碳循环，尤其是土壤 CO_2 动态变化，对进一步认识滨海湿地碳汇功能和应对气候变化具有重要的意义。

5.1　试验方法与数据分析

5.1.1　土壤 CO_2 浓度的测定

收集试验样地附近的芦苇地表层土壤(0～20 cm)，剔除植物残体后过 5 cm 网格筛，将过筛的土壤充分混匀。将 2 个材料和规格相同的塑料圆桶(直径 50 cm，高 75 cm)布设在试验样地(桶内土与地面平齐)，倒入质量基本相等的土壤。在距土壤表面 10 cm、20 cm、30 cm 深处水平安装测定 CO_2 浓度的传感器(GMT221，Vaisala，Inc，Finland)及土壤温度传感器(The 109 Temperature Probe，Campbell Scientific，Inc)，连续监测土壤 CO_2 浓度和温度的动态变化。所有数据每小时自动记录并保存于数据收集器。试验开始于 2017 年 5 月，为了保证数据的可靠性，5～7 月为稳定期，8 月之后的数据用于试验分析。

5.1.2　地表 CO_2 交换通量的测定

2017 年(8 月 15～17 日)和 2018 年夏季(8 月 5～7 日)用 LI-8100A 土壤碳通量自动测量系统(Li-Cor，Inc，Lincoln，NE，USA)测定地表 CO_2 交换通量(图 5.1)，

每隔 2～3h 测定一次。在此期间，我们做了模拟降水试验，于 2017 年 8 月 16 日模拟降水两次(上午 10:00 降水 1L，下午 15:00 降水 2L)、2018 年 8 月 6 日模拟降水一次(上午 7:00 降水 2L)。观测时，每个桶至少提前 24 h 安装 1 个标准土壤环，入土深度为 10 cm。

图 5.1　LI-8100A 土壤碳通量自动测量系统

5.1.3　数据收集和分析

为了探明地表 CO_2 交换通量与土壤 CO_2 浓度和温度的关系，我们建立了地表 CO_2 交换通量(F)与 CO_2 浓度梯度(0～10 cm)和温度(10 cm)的指数模型：$F = ae^{bx}$(a、b 为系数；x 为 CO_2 浓度梯度或温度)。利用建立的指数模型，我们模拟了 2017～2018 年地表的 CO_2 交换通量。

5.2　土壤 CO_2 浓度及通量的动态变化

5.2.1　土壤温度的季节变化

A 桶和 B 桶中的土壤温度均有明显的季节变化，且不同深度的土壤温度变化相似(图 5.2)：冬季最低(−8~−5℃)，从 2 月开始升高，在夏季达到最高(35~40℃)，然后逐渐降低。土壤温度的波动幅度随着土层深度的增加有减小的趋势，例如，A 桶 10 cm 深处土壤温度的变化范围为−10~50℃，而 30 cm 处土壤温度的变化范围为−4~39℃。

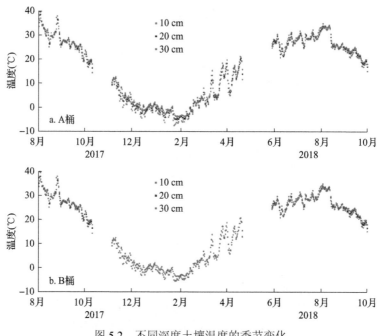

图 5.2   不同深度土壤温度的季节变化

5.2.2   土壤 CO_2 浓度的日变化和季节变化

如图 5.3 所示，在 A 桶和 B 桶中不同深度处土壤 CO_2 浓度都有明显的日变化特征且变化规律相似，均呈单峰曲线。在 10 cm 深度处，土壤 CO_2 浓度的最高值出现在 15:00~16:00，最低值在 0:00~02:00。随着土壤深度的增加，土壤 CO_2 浓度峰值和谷值出现的时间逐渐推迟，20 cm 和 30 cm 深度处土壤 CO_2 浓度的极大值分别出现在 18:00~20:00 和 20:00~21:00，极小值分别出现在 08:00~10:00 和 10:00~14:00。

另外，图 5.3 表明不同深度处土壤 CO_2 浓度的日变化特征与土壤温度有较大的相似性，即土壤 CO_2 浓度最高值和最低值出现的时间与土壤温度基本保持同步。但两者也有不同步的现象存在：在 A 桶 20 cm 深度处，土壤 CO_2 浓度的峰值滞后于土壤温度的峰值约 2 h。

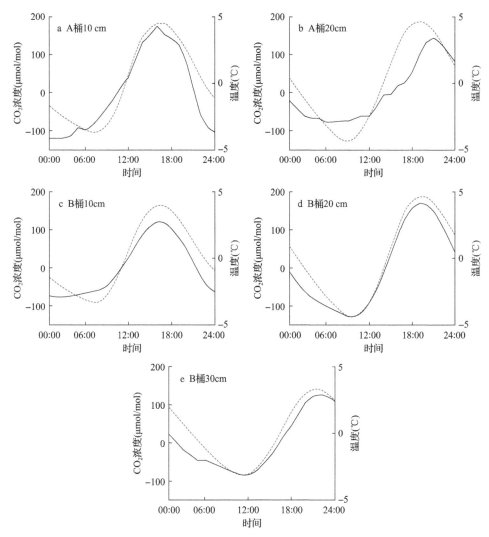

图 5.3　2018 年夏季土壤 CO_2 浓度(实线)及温度(虚线)的日变化距平图

随着土壤深度的增加，A 桶和 B 桶中土壤 CO_2 浓度均不断增大且变化幅度总体上也逐渐增大(图 5.4)。例如，2018 年期间，A 桶在 10 cm、20 cm 和 30 cm 深度处的 CO_2 浓度变化范围分别为 1268~4446 μmol/mol、2057~13 323 μmol/mol 和 3131~17 106 μmol/mol，平均 CO_2 浓度分别为 2525 μmol/mol、6023 μmol/mol 和 8544 μmol/mol。地表 CO_2 浓度(即空气中 CO_2 浓度)没有明显的季节变化，为 396~508 μmol/mol，平均为 437 μmol/mol。但土壤不同深度的 CO_2 浓度在 2017 年和 2018 年却有明显的季节变化。A 桶和 B 桶中不同深度的土壤 CO_2 浓度在 2017 年 8 月上旬有明显的下降，至 8 月中下旬有小的波动，至 9 月、10 月基本未变。在 2018 年，A 桶和 B 桶中土壤 CO_2 浓度季节变化趋势基本一致：从 6 月到 7 月中旬波动升高，至 7 月下旬有减少的趋势，之后有小幅增加并于 8 月中上旬趋于稳定，8 月下旬突然大幅度增加，9～10 月呈上升的态势。

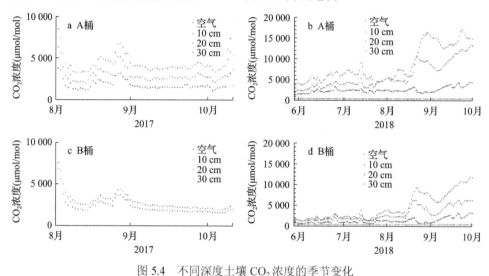

图 5.4　不同深度土壤 CO_2 浓度的季节变化

5.2.3　降雨对土壤 CO_2 浓度及地表 CO_2 交换通量的影响

土壤 CO_2 浓度有明显的日变化特征。总体而言，0:00～6:00 土壤 CO_2 浓度最低，18:00 左右 CO_2 浓度最高(图 5.5)。例如，2017 年 8 月 17 日 0:00 时，对照组中土壤 10 cm 深处 CO_2 浓度最低(2700 μmol/mol)，18:00 时其值达到最高(3500 μmol/mol)。人工降雨明显增大了土壤 CO_2 浓度。例如，在 2017 年 8 月人工模拟降雨后的 3～4 d，土壤 10 cm 处平均 CO_2 浓度增加了 320 μmol/mol。降水对土壤 CO_2 浓度的日变化动态有显著影响：在 2017 年和 2018 年的两次模拟降水事件中，土壤 10 cm 深处的 CO_2 浓度峰值比对照组提前了 2～3 h；而土壤 20 cm 深处的 CO_2 浓度在模拟降水后出现了一些小的波动(如 2017 年 8 月 16 日 18:00 至 17 日 6:00 及 2018 年 8 月 7 日 12:00 至 9 日 12:00)。

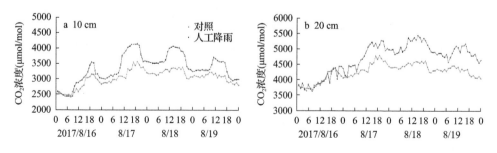

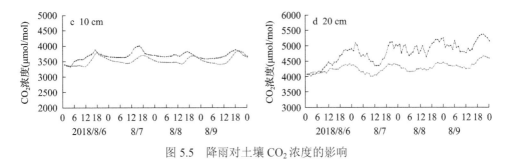

图 5.5　降雨对土壤 CO_2 浓度的影响

在 2017 年和 2018 年夏季，地表 CO_2 交换通量存在明显的差异。总体而言，2018 年 8 月 5~7 日的地表 CO_2 交换通量比 2017 年 8 月 15~17 日高，其平均值分别为 2.6 $\mu mol/(m^2 \cdot s)$ 和 1.0 $\mu mol/(m^2 \cdot s)$（图 5.6）。地表 CO_2 交换通量有明显的日变化规律，其与土壤温度的日变化规律相似。例如，2017 年 8 月 16 日 4:00，地表 CO_2 交换通量从 0.38 $\mu mol/(m^2 \cdot s)$ 开始逐渐增加，至 14:00 达到最高值 [1.6 $\mu mol/(m^2 \cdot s)$ 左右]，然后逐渐降低。在此期间，其与土壤温度有相似的日变化，但存在 2 h 左右的滞后。在 2017 年和 2018 年夏季，模拟降水都对地表 CO_2 交换通量产生了显著的影响。在数小时之内，降水明显降低了地表 CO_2 交换通量，例如，2017 年 8 月 16 日 10:00 人工降雨后，地表 CO_2 交换通量从 1.3 $\mu mol/(m^2 \cdot s)$ 下降至

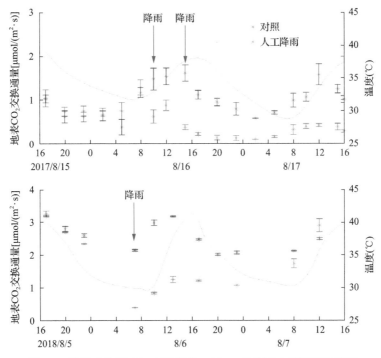

图 5.6　降雨对地表 CO_2 交换通量、10 cm 深度处土壤温度的影响

0.6 μmol/(m²·s)，当日15:00又一次人工降雨后，地表CO_2交换通量从0.9 μmol/(m²·s)下降至0.4 μmol/(m²·s)。在人工降雨一段时间后，降水组的地表CO_2交换通量将会逐渐恢复甚至超过对照组的地表CO_2交换通量，例如，2018年8月6日7:00人工降雨之后，地表CO_2交换通量明显降低，但8月7日12:00的地表CO_2交换通量却高达2.9 μmol/(m²·s)（超过对照组地表CO_2交换通量2.5 μmol/(m²·s)）。

5.2.4 地表 CO_2 交换通量与浓度梯度和土壤温度的关系

地表CO_2交换通量与浓度梯度和土壤温度呈显著的（$P<0.001$）指数正相关关系，R^2分别为0.58和0.81。如图5.7所示，总体而言，大的CO_2浓度梯度和高的土壤温度对应于较高的地表CO_2交换通量。地表CO_2交换通量与浓度梯度和土壤温度的指数回归方程分别为$F = 0.33e^{0.006\frac{\Delta C}{\Delta Z}}$和$F = 0.70e^{0.085T}$。根据地表$CO_2$交换通量与土壤温度的拟合方程，可得到地表$CO_2$交换通量的温度敏感系数（$Q_{10}$），为2.34。以上这些回归方程可以作为经验模型用于估算2017年和2018年的地表CO_2交换通量。

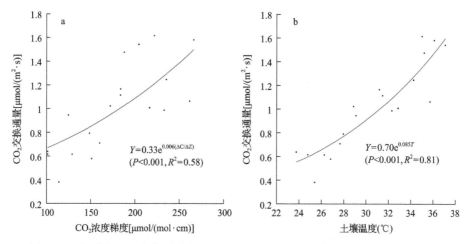

图5.7 A桶地表CO_2交换通量与0～10 cm土壤CO_2浓度梯度(a)及10 cm处土壤温度(b)的指数关系拟合

5.3 土壤 CO_2 浓度的影响因素及地表 CO_2 交换通量的模拟

5.3.1 环境因素对土壤 CO_2 浓度的影响

土壤CO_2浓度主要源于CO_2的产生（包括有机质分解和根呼吸），在我们的试验中采用的是去根土壤，所以 CO_2 的产生只涉及有机质的分解。我们的研究结果表明，土壤 CO_2 浓度有明显的日变化和季节变化，其变化趋势与土壤温度基本一致。总体而言，土壤 CO_2 浓度白天高于晚上、夏季高于秋季，这与温度对土壤有机质分解或微生物活性的影响有关(Hirano et al.，2003；程建中等，2011)。我们的研究表明，黄河三角洲湿地土壤 CO_2 浓度随着土壤深度的增加而增加，这与之前对森林、农田和草地等生态系统的研究结果一致(Fay et al.，2015；黄石德等，2018；俞永祥等，2015)。空气中的 CO_2 浓度基本稳定在 400 $\mu mol/mol$，明显低于土壤中的 CO_2 浓度，由于此浓度梯度的存在，土壤表层中的 CO_2 不断向大气扩散，因此浅表层土壤中的 CO_2 浓度较低。底层土壤中的 CO_2 浓度显著升高，其可能原因主要有二：一是重力作用造成底层土壤更加紧实，阻碍了 CO_2 气体的扩散；二是溶解碳酸盐在垂直向下运移过程中可能促进了 CO_2 的产生，尤其是在碱性土壤中(Roland et al.，2013)。

另外，很多研究表明降水是影响土壤 CO_2 浓度的另一个重要因子(Jassal et al.，2004；Tang et al.，2005；杨晓莉和樊军，2015)。在我们的研究中，在降水的数小时内土壤 CO_2 浓度显著升高，这与前人的研究结果一致(Wang et al.，2018；韩巍，2014；苏志慧，2016)。适当的降水会增加微生物活性，促进土壤有机质分解(即 CO_2 产生)，同时增加的土壤水分会造成土壤充气孔隙的减少(即扩散减少)，这些都有利于土壤 CO_2 浓度的累积(Jassal et al.，2005)。但也有研究发现若发生特大降水时，土-气交换严重受阻，土壤 O_2 的输入量急剧下降，即土壤处于缺氧状态，此时土壤 CO_2 浓度的升高主要源于土壤 CO_2 扩散的减少而非 CO_2 产生的增加(Chen et al.，2017)。

5.3.2　环境因素对土壤呼吸的影响

温度和降水是影响土壤呼吸的重要环境因子(Ma et al.，2012；Yu et al.，2017a；Zhang et al.，2010)。温度和水分可以改变生态系统群落结构，影响土壤微生物活性及有机质的分解速率等，从而影响土壤剖面的 CO_2 浓度和地表 CO_2 交换通量。

我们建立的模型的模拟结果表明，地表 CO_2 交换通量与土壤温度有显著正相关关系，这与此前很多的发现一致。例如，王先鹤等(2018)的研究结果表明，黄河三角洲湿地非生长季地表 CO_2 交换通量和地表温度具有相似的动态变化规律，且两者呈极显著正相关。但彭凤姣等(2017)发现，在湖北省神农架林区大九湖亚高山泥炭湿地非生长季地表 CO_2 交换通量与气温呈显著负相关，原因可能是其受植物地上部分凋零、大雪覆盖等因素影响；而生长季地表 CO_2 交换通量与气温呈二次曲线相关关系，即地表 CO_2 交换通量随气温的升高先增加后减少，这可能主要与植物的光合作用有关。在我们的研究中，黄河三角洲湿地夏季 CO_2 交换通量

的 Q_{10} 值是 2.34，低于王先鹤等(2018)研究中非生长季土壤呼吸的 Q_{10} 值(3.49~3.74)。在夏季，土壤处于升温阶段，而在非生长季，土壤温度不断降低，有研究表明随着温度的升高地表 CO_2 交换通量的 Q_{10} 值下降(杨庆朋等，2011)，这可能是我们研究中夏季 CO_2 交换通量的 Q_{10} 值较低的原因。

降水对地表 CO_2 交换通量的影响较为复杂，一方面，降水可以促进有机质的分解，增加 CO_2 的产生，促进 CO_2 的排放(Song et al.，2012)；另一方面，降水减少土壤充气孔隙，降低了 CO_2 的扩散速率，不利于 CO_2 的排放(Jassal et al.，2005)。我们的结果表明，在降水时地表 CO_2 交换通量立即减少，但在一段时间后增加且超过对照组地表 CO_2 交换通量，这可能与土壤充气孔隙增加和土壤 CO_2 扩散增强有关。另外，降水会改变土-气界面的物理状态，对地表 CO_2 交换通量产生影响。例如，Fa 等(2015)发现大气和土壤之间存在气压梯度，中大降雨事件将增强沙漠生态系统中沙质土壤对 CO_2 的吸收。

5.3.3 地表 CO_2 交换通量模型的应用

地表 CO_2 交换通量是土壤 CO_2 产生、转化和扩散的结果，其受土壤环境因素(如土壤温度)的影响。在不同的生态系统(如农田、森林和草地)中都有研究表明地表 CO_2 交换通量与土壤温度有良好的相关性(Godwin et al.，2017；Yu et al.，2017b)。此外，Jassal 等(2005)发现在森林生态系统地表 CO_2 交换通量与地下 CO_2 浓度有很好的线性关系，并能够用其拟合方程较好地估算出地表 CO_2 交换通量。本研究发现，地表 CO_2 交换通量与土壤温度和 CO_2 浓度梯度有极显著的指数相关关系(图 5.7)，我们用获得的关系式作为经验模型，估算了 2017 年和 2018 年黄河三角洲湿地地表的 CO_2 交换通量(图 5.8)。在 2017 年 8~10 月，温度拟合和梯度拟合的地表 CO_2 交换通量基本接近[0.24~2.39 μmol/($m^2 \cdot s$)]，在 8 月梯度拟合的地表 CO_2 交换通量更加接近实测值，而在 10 月温度拟合的地表 CO_2 交换通量与实测值的误差更小。从 2017 年 11 月到 2018 年 5 月，浓度梯度拟合的地表 CO_2 交换通量显著大于温度拟合的值，其平均值分别为 0.43 μmol/($m^2 \cdot s$) 和 0.12 μmol/($m^2 \cdot s$)，2018 年 3~5 月，温度拟合的地表 CO_2 交换通量有明显的季节波动。在 2018 年的夏季，两种模型估算的地表 CO_2 交换通量结果相近[0.41~1.88 μmol/($m^2 \cdot s$)]，在 8 月都略低于 CO_2 交换通量的实测值；在 9 月上旬，浓度梯度拟合的地表 CO_2 交换通量有明显的增加，但温度关系的拟合值却有轻微的减小。在黄河三角洲湿地非生长季，王先鹤等(2018)也发现用 CO_2 浓度梯度和土壤温度拟合的地表 CO_2 交换通量存在差异，即浓度梯度拟合的 CO_2 交换通量的波动范围大于温度拟合出的结果。两种关系拟合的地表 CO_2 交换通量的差异可能与其他因素有关，如降水，其一方面会增加土壤 CO_2 浓度及浓度梯度，另一方面会降低土壤温度。因此，为了进一步准确估算长时间尺度的地表 CO_2 交换通量，为理解湿地碳循环提供理论依据，在未来的研究中，我们需要建立多因素与土壤呼吸的关系模型。

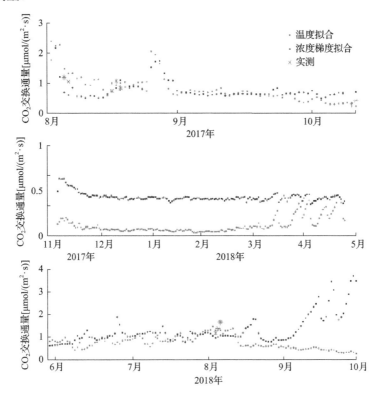

图 5.8　2017 年和 2018 年 A 桶地表 CO_2 交换通量利用温度及浓度梯度的拟合值及与实测值的比较

参 考 文 献

程建中, 李心清, 周志红, 等. 2011. 土壤 CO_2 浓度与地表 CO_2 交换通量的季节变化及其相互关系. 地球与环境, 39(2): 196-202.

韩巍. 2014. 冬小麦-夏玉米农田土壤 CO_2 产生速率及通量研究. 中国农业大学博士学位论文.

黄石德, 叶功富, 林捷, 等. 2018. 干旱对土壤剖面不同深度土壤 CO_2 交换通量的影响. 生态学报, 38(23): 1-13.

彭凤姣, 葛继稳, 李艳元, 等. 2017. 神农架大九湖泥炭湿地 CO_2 交换通量特征及其影响因子. 生态环境学报, 26(3): 453-460.

苏志慧. 2016. 应用浓度梯度法估算农田和草地土壤地表 CO_2 交换通量. 中国农业大学博士学位论文.

王先鹤, 王秀君, 韩广轩, 等. 2018. 黄河三角洲湿地非生长季土壤 CO_2 浓度及地表 CO_2 交换通量的动态变化. 生态学杂志, 37(9): 2698-2706.

王秀君, 章海波, 韩广轩. 2016. 中国海岸带及近海碳循环与蓝碳潜力. 中国科学院院刊, 31(10): 1218-1225.

魏书精, 罗碧珍, 孙龙, 等. 2013. 森林生态系统土壤呼吸时空异质性及影响因子研究进展. 生态环境学报, 22(4): 689-704.

杨庆朋, 徐明, 刘洪升, 等. 2011. 土壤呼吸温度敏感性的影响因素和不确定性. 生态学报, 31(8): 2301-2311.

杨晓莉, 樊军. 2015. 水分对梯度法估算土壤表面 CO_2 扩散通量的影响. 土壤通报, 46(4): 923-928.

俞永祥, 赵成义, 贾宏涛, 等. 2015. 覆膜对绿洲棉田土壤 CO_2 交换通量和 CO_2 浓度的影响. 应用生态学报, 26(1): 155-160.

张翼夫, 李问盈, 胡红, 等. 2017. 盐碱地改良研究现状及展望. 江苏农业科学, 45(18): 7-10.

Chen Z M, Xu Y H, Zhou X H, et al. 2017. Extreme rainfall and snowfall alter responses of soil respiration to nitrogen fertilization: a 3-year field experiment. Global Change Biology, 23: 3403-3417.

Fa K Y, Liu J B, Zhang Y Q, et al. 2015. CO_2 absorption of sandy soil induced by rainfall pulses in a desert ecosystem. Hydrological Processes, 29: 2043-2051.

Fay P A, Reichmann L G, Aspinwall M J, et al. 2015. A CO_2 concentration gradient facility for testing CO_2 enrichment and soil effects on grassland ecosystem function. Journal of Visualized Experiments, (105): e53151. doi: 10.3791/53151.

Godwin D, Kobziar L, Robertson K. 2017. Effects of fire frequency and soil temperature on soil CO_2 efflux rates in old-field pine-grassland forests. Forests, 8: 274.

Gui W Y, Ren H Y, Liu N, et al. 2018. Plant functional group influences arbuscular mycorrhizal fungal abundance and hyphal contribution to soil CO_2 efflux in temperate grasslands. Plant and Soil, 432: 157-170.

Hirano T, Kim H, Tanaka Y. 2003. Long-term half-hourly measurement of soil CO_2 concentration and soil respiration in a temperate deciduous forest. Journal of Geophysical Research, 108: 4631.

Jassal R S, Black T A, Drewitt G B, et al. 2004. A model of the production and transport of CO_2 in soil: predicting soil CO_2 concentrations and CO_2 efflux from a forest floor. Agricultural and Forest Meteorology, 124: 219-236.

Jassal R S, Black T A, Novak M, et al. 2005. Relationship between soil CO_2 concentrations and forest-floor CO_2 effluxes. Agricultural and Forest Meteorology, 130(3-4): 176-192.

Jobbagy E G, Jackson R B. 2000. The vertical distribution of soil organic carbon and its relation to climate and vegetation. Ecological Applications, 10: 423-436.

Ma J, Zheng X J, Li Y. 2012. The response of CO_2 flux to rain pulses at a saline desert. Hydrological Processes, 26: 4029-4037.

Roland M, Serrano-Ortiz P, Kowalski A S, et al. 2013. Atmospheric turbulence triggers pronounced diel pattern in karst carbonate geochemistry. Biogeosciences, 10: 5009-5017.

Schlesinger W H. 1997. Biogeochemistry, an Analysis of Global Change. San Diego Academic Press.

Song W M, Chen S P, Wu B, et al. 2012. Vegetation cover and rain timing co-regulate the responses of soil CO_2 efflux to rain increase in an arid desert ecosystem. Soil Biology & Biochemistry, 49: 114-123.

Tang J W, Misson L, Gershenson A, et al. 2005. Continuous measurements of soil respiration with and without roots in a ponderosa pine plantation in the Sierra Nevada Mountains. Agricultural and Forest Meteorology, 132: 212-227.

Wang J Y, Wang X J, Wang J P. 2018. Profile distribution of CO_2 in an arid saline-alkali soil with gypsum and wheat straw amendments: a two-year incubation experiment. Scientific Reports, 8: 11939.

Xu M, Shang H. 2016. Contribution of soil respiration to the global carbon equation. Journal of Plant Physiology, 203: 16-28.

Yu S Q, Chen Y Q, Zhao J, et al. 2017a. Temperature sensitivity of total soil respiration and its heterotrophic and autotrophic components in six vegetation types of subtropical China. Science of the Total Environment, 607: 160-167.

Yu Y X, Zhao C Y, Jia H T, et al. 2017b. Effects of nitrogen fertilizer, soil temperature and moisture on the soil-surface CO_2 efflux and production in an oasis cotton field in arid northwestern China. Geoderma, 308: 93-103.

Zhang L H, Chen Y N, Zhao R F, et al. 2010. Significance of temperature and soil water content on soil respiration in three desert ecosystems in Northwest China. Journal of Arid Environments, 74: 1200-1211.

第 6 章

黄河三角洲盐沼湿地生态系统CO_2和CH_4交换*

* 贺文君，中国科学院烟台海岸带研究所
  魏思羽，中国科学院烟台海岸带研究所
  韩广轩，中国科学院烟台海岸带研究所

水文条件决定了湿地的类型及属性，潮汐作用是滨海湿地生态系统中独特的水文特征，潮水周期性的淹没过程会影响湿地土壤的电导率、氧化还原性质、营养盐等部分理化性质(布乃顺等，2015)，同时会改变湿地向大气中排放的 CH_4 和 CO_2 交换通量及碳通量与环境因子之间的关系(仝川等，2011；Guo et al.，2009)，进而有可能对生态系统的过程和功能产生影响(Guo et al.，2009)。潮汐过程中可以携带更多的细小矿物质进入盐沼湿地，使其碳密度远低于泥炭湿地(Chmura et al.，2003)。周期性的潮汐起落引起湿地阶段性的淹没暴露，在导致泥沙迁移、沉浮等动力过程发生的同时也控制着潮滩地貌发育和物质循环的发生(贺宝根等，2008)。潮汐动力过程的冲刷淤积作用致使湿地形成大小不一、深浅各异的潮沟，这种独特的地貌地形也使湿地形成不同的生境，直接或间接影响湿地的碳平衡和碳收支。另外，以潮汐作用为媒介所产生的碳横向通量主要通过作用于植被凋落物及其植物残体、土壤的营养盐及可溶性有机碳等方式进入湿地(布乃顺等，2015；Tzortziou et al.，2011)。潮汐作用对碳的横向运输增加了盐沼湿地碳平衡的不确定性(Bauer et al.，2013)。

随着 CO_2、CH_4 等温室气体浓度的升高，全球变化所导致的海平面上升将会对滨海盐沼湿地产生巨大影响，滨海盐沼湿地将成为直接面临海平面上升威胁最敏感的生态系统之一。尽管目前还没有研究明确表明海平面上升程度会对陆地生态系统碳储量产生怎样的影响(Henman and Poulter，2008)，但海平面上升可能通过改变潮汐等水文条件的变化来影响碳收支。海平面上升引起近海潮汐潮差、潮时、潮汐水位的变化，增加潮水浸淹时间及其频率(章卫胜等，2013；张锦文和杜碧兰，2000)，而其淹水时长、淹没频率及淹水深度的变化决定了滨海湿地潮滩土壤水分含量的变化，直接或间接影响盐沼植物在潮滩的分布格局及生存条件(李莎莎等，2014；崔利芳等，2014)，严重的可能会加剧湿地的侵蚀及盐渍化进程、改变其生态系统结构和功能，从而导致生物多样性的减少及其生境的退化(崔利芳等，2014)。

黄河三角洲是海陆相互作用最活跃的区域之一(Han et al.，2014)。受陆海物质交汇、咸淡水混合、径流和潮汐等不同水文要素的驱动，黄河三角洲发育了不同类型的湿地和植被群落(Han et al.，2015；Fan et al.，2012；Cui et al.，2009)，导致其生态系统 CO_2 和 CH_4 交换存在较大的复杂性和不确定性(邢庆会等，2014)。与传统静态箱相比，涡度相关技术可在大空间、长时间上获得高质量分辨率的通量数据(韩广轩，2017；Baldocchi et al.，2003)。涡度相关技术可完整捕捉到潮汐过程中 CH_4 通量的动态变化，避免因潮汐活动的短暂性及瞬时性而错过 CH_4 排放峰值。此外，国内外学者主要针对互花米草、芦苇、红树林等生态系统开展潮汐对盐沼湿地 CO_2 影响的研究(马安娜和陆健健，2011；Leopold et al.，2016；仝川等，2011；Guo et al.，2009；Kathilankal et al.，2008)，而潮汐过程对黄河三角洲碱蓬盐沼湿地生态系统净交换(net ecosystem exchange，NEE)的影响目前尚不清楚，同时潮汐驱动下的干湿交替过程如何影响黄河三角洲盐沼湿地目前还没有明确结论。因此本研究利用涡度相关技术分析潮汐作用对黄河三角洲盐沼湿地生态系统 CO_2 和 CH_4 交换通量的影响，并探讨其影响机制，以期为更好地理解盐沼湿地碳汇形成机制和评估碳汇功能提供数据支撑及理论依据。

6.1 潮汐湿地观测场

6.1.1 涡度、微气象观测系统

在观测场主风风向上，约 90% 的通量源区主要分布于 200 m 范围内。通量塔安装有开路式涡度相关系统和常规气象观测系统(图 6.1)。开路式涡度相关观测系统安装高度为 2.8 m，包括开路式 CO_2/H_2O 分析仪(LI-7550, LI-Cor, USA)、CH_4 分析仪(LI-7700, LI-Cor, USA)和三维超声风速仪(GILL-WM, LI-Cor, USA)，原始数据采样频率为 10 Hz，每 30 min 输出一次平均值。微气象观测系统包括距地面 2.8 m 的光合有效辐射仪(LI-190SL, LI-Cor, USA)和 2 m 的四分量净辐射仪(NR01, LI-Cor, USA)，该观测系统的能量平衡系统(DYNAMET, LI-Cor, USA)还包括 2 m 的风速/风向(GILL-WMLi-Cor Inc., Lincoln, NE, USA)、空气温度(HMP50, Vaisala, Helsinki, Finland)和 1.5 m 雨量筒(52203, RMYoung Inc., TraverseCity, MI, USA)。土壤因子监测主要包括 5 cm、10 cm 深处的土壤温度(TM-L10, LI-Cor, USA)，所有气象数据通过数据采集器(CR1000, LI-Cor, USA)在线采集，并按 30 min 计算平均值进行存储。

图 6.1　盐沼湿地涡度、微气象观测系统

6.1.2 潮汐水文监测平台

盐沼湿地水文观测系统包括潮位仪、流速仪和水位计(图 6.2)。潮位仪和流速

仪安装在潮间带宽阔的潮沟内，距离微气象观测系统 1000 m，监测指标主要为潮汐水位、流速大小和方向。TideMaster 潮位仪设计用于高精度高稳定性的短期或长期潮位测量，主机原始采样频率为 8 Hz，连续工作模式为 1 Hz。流速仪设备主要包括 3.2 cm 直径球形电磁流速仪主机（不锈钢水下仪器舱）、运输箱和带 10 m 电缆的数据接线盒，主机原始采样频率为 1 Hz。水位计安装在涡度塔附近 5 m 内，包含地下水和地表水传感器，可同时测量地下水和地表水位高度。

图 6.2　盐沼湿地水文观测系统

6.2　黄河三角洲盐沼湿地 CO$_2$ 和 CH$_4$ 动态变化规律

6.2.1　黄河三角洲环境因子动态变化

如图 6.3 所示，黄河三角洲盐沼湿地在整个生长季（2016 年 4～10 月）的月平均光合有效辐射（photosynthetic active radiation，PAR）分别为 394.2 μmol/(m^2·s)、425.9 μmol/(m^2·s)、455.9 μmol/(m^2·s)、433.7 μmol/(m^2·s)、355.7 μmol/(m^2·s)、333.9 μmol/(m^2·s)、212.1 μmol/(m^2·s)，呈先上升后下降趋势，其日平均波动范围为 37.5～614.2 μmol/(m^2·s)，其中 6～8 月的 PAR 受阴雨天气影响离散程度增加，波动范围较大（图 6.3a）。黄河三角洲盐沼湿地 2016 年生长季空气温度日均值为 21.1℃，接近 30 年（1978～2008 年）平均气温（21.9±1.6）℃（Han et al.，2015），其日均空气温度变幅为 5.9～31.2℃。土壤温度与空气温度日平均变化趋势一致，生长季 5 cm 和 10 cm 土壤温度的日均值分别为 22.5℃和 22.4℃，其变化范围分别为 9.6～31.2℃和 10.7～30.7℃。黄河三角洲盐沼湿地地表水位高度主要受降雨和潮汐影响，地表水位日均值变化范围为 0～84.4 cm，生长季降雨总量为 908.3 mm，占全年降雨量的 97.5%，受极端天气影响，8 月 8 日单次降雨量达到 335.3 mm，当时最大瞬时水位高度为 35 cm，而潮汐活动所引起的最大瞬时水位高度为 130 cm。由于潮汐冲毁，部分土壤电导率数据缺失，10 cm 土壤电导率比 20 cm 土壤电导率的波动范围大，表层土壤电导率的变化更为剧烈。10 cm 和 20 cm 土壤电导率日均值变化范围分别为 4.3～14.7 dS/m 和 8.7～16.1 dS/m。

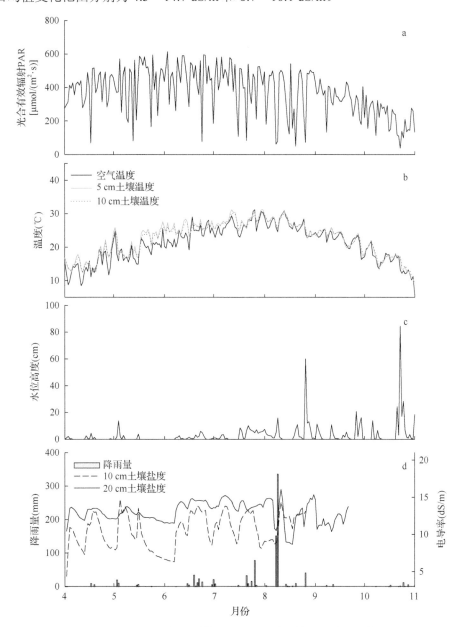

图 6.3　2016 年生长季黄河三角洲湿地环境因子季节动态

6.2.2 黄河三角洲盐沼湿地生长季 NEE 排放动态变化

1. NEE 日动态变化

图 6.4 为黄河三角洲盐沼湿地生长季 NEE 的动态变化图，各月 NEE 呈 "U" 形的单峰变化，并且各月 NEE 振幅不同，白天 NEE 为负值表示吸收 CO_2，夜间 NEE 为正值表示释放 CO_2。

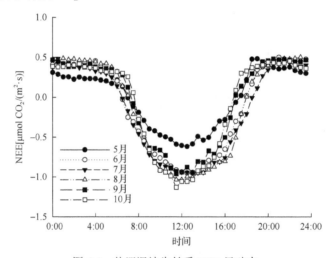

图 6.4　盐沼湿地生长季 NEE 日动态

生长季期间，湿地 NEE 具有明显的时间变化特征，由于温度及光照的增强，光合作用较强，光合作用大于呼吸作用，CO_2 日吸收量逐渐增大使 NEE 波动明显。NEE 的日均值变化范围为 $-1.1\sim0.5$ $\mu mol/(m^2\cdot s)$，白天辐射强度不断增加，NEE 吸收 CO_2 能力增强并在中午左右达到吸收峰值，随后排放 CO_2 能力逐渐增加，至日落之后转为碳源。由图 6.4 可知，黄河三角洲盐沼湿地 NEE 日动态变化在 10 月达到吸收 CO_2 的峰值，在 5 月时吸收 CO_2 能力最弱。

2. 黄河三角洲盐沼湿地生态系统碳交换变化

生态系统总初级生产量（gross primary production，GPP）、生态系统呼吸（ecosystem respiration，Reco）和生态系统净交换（net ecosystem exchange，NEE）都表现出明显的季节变化特征（图 6.5）。GPP 与 Reco 的整体波动幅度相近，GPP、Reco、NEE 在生长初期与生长末期波动较小，适宜的水热条件使得植物快速生长并进入生长茂盛期，这期间 GPP、Reco 与 NEE 波动较大，呈 "V" 形变化。NEE 在 8 月 2 日达到最大净吸收值，为 2.19 $g/(m^2\cdot d)$（以 CO_2 计），Reco 在 7 月 25 日达到最人净释放值，为 6.17 $g/(m^2\cdot d)$（以 CO_2 计）。从 10 月中旬开始，由于温度下降和植物衰落，黄河三角洲盐沼湿地成为微弱的碳源。

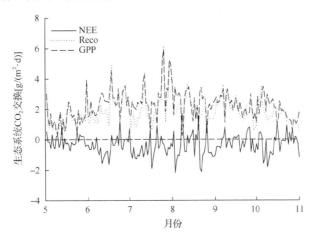

图 6.5　盐沼湿地生态系统生长季 NEE、GPP、Reco 的动态变化

3. 黄河三角洲盐沼湿地 NEE 动态变化规律

　　黄河三角洲盐沼湿地 2016 年 5～10 月生长季内日尺度上的 NEE 吸收峰值为 -2.64 $μmol/(m^2 \cdot s)$（以 CO_2 计），与佛罗里达淡水湿地 NEE 最大值吸收值 -3.77 $μmol/(m^2 \cdot s)$（以 CO_2 计）相近（Schedlbauer et al.，2012），但小于美国新泽西及中国长江口湿地日最大生态系统净交换 -30 $μmol/(m^2 \cdot s)$（以 CO_2 计）（Schäfer et al.，2014；Yan et al.，2008）。

　　湿地生态系统 NEE 由于湿地类型、环境因子及湿地植被生理变化的不同而表现出昼夜不同的变化规律，潮汐盐沼湿地 NEE 的变化具有明显的季节动态，其季节动态的变化与环境气候因子及植物生长状况密不可分（初小静等，2016）。生长季初期，植物生长逐渐恢复，土壤呼吸释放 CO_2 逐渐增多（徐丽君等，2011），之后随着气温升高，太阳辐射增强，植物生长旺盛、生理代谢增强，整个生长季普遍表现为碳汇。尽管盐沼湿地 NEE 的变化有其自身的独特性，但与其他类型的生态系统又具有相似性。宋涛（2007）观测到三江平原沼泽湿地 2004～2006 年的 NEE 总量分别为 -198 g/m^2、-96 g/m^2、-47 g/m^2（以 C 计），年际降雨、辐射、植被生长状况不同导致其 NEE 差异较大。光合有效辐射和温度是影响 NEE 日动态变化的主控因子，本研究中，10 月时 NEE 日动态峰值最大，10 月频繁的潮汐水文活动可能会促进盐沼湿地对 CO_2 的吸收。

　　我国潮汐湿地 NEE 观测主要集中在闽江河口区（仝川等，2011）、长江口（马安娜和陆健健，2011；Guo et al.，2009）、黄河口（邢庆会等，2014；Han et al.，2015）、辽河口盘锦湿地（汪宏宇和周广胜，2006）。马安娜和陆健健（2011）在长江口崇西湿地利用涡度相关系统观测 NEE 的变化情况得出，生长季期间 NEE 主要呈"U"形，同时生长季表现白天为 CO_2 吸收、夜间为 CO_2 释放。在黄河口潮间带生长季的观测中发现，NEE 具有明显的日动态变化，其日均值为-0.38 g/($m^2 \cdot$ d)（以 CO_2 计）（邢庆会等，2014）。

6.2.3　黄河三角洲盐沼湿地生长季 CH_4 排放动态

黄河三角洲盐沼湿地 CH_4 半小时排放通量变化如图6.6所示，仪器故障和降雨导致部分 CH_4 通量数据缺失。2016 年 5～10 月观测期间 CH_4 通量半小时排放范围为-19.7～26.6 nmol/($m^2 \cdot$ s)，排放日均值最高为 9.9 nmol/($m^2 \cdot$ s)（6 月 30 日），最低为-6.4 nmol/($m^2 \cdot$ s)（9 月 12 日）。整个生长季 CH_4 排放量大小并未随着温度变化产生显著的波动，但在连续降雨及涨潮过后的湿润阶段，CH_4 通量排放趋势瞬间增大。

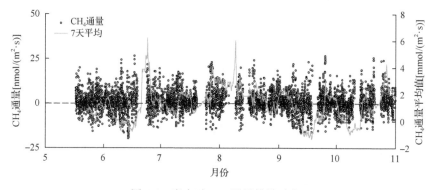

图 6.6　半小时 CH_4 通量排放动态

本研究中，黄河三角洲盐沼湿地 CH_4 排放波动较大，整个生长季内，潮汐水文活动驱动了 CH_4 的季节排放。整个生长季内，伴随着水位变化，CH_4 的排放具有较大的波动，湿地土壤不同的淹水状况影响 CH_4 排放量的变化，即在不同的淹水状况下 CH_4 具有不同的排放速率。此外，湿地 CH_4 排放通量的季节变化，一般表现为夏季高，春、秋季低（Saarnio et al.，2000；胡启武等，2011）。我国三江平原湿地、辽河三角洲湿地、闽江河口湿地 CH_4 释放的峰值集中在 7～9 月（王德宣等，2008；黄国宏等，2001；曾从盛等，2010），扎龙芦苇湿地冬季 CH_4 排放量不超过全年排放量的 20%，且无明显日变化规律（Brix et al.，2001；Kim et al.，1999）。红树林区域 CH_4 排放通量峰值主要集中在春季，部分出现在夏季，较少出现在冬季（叶勇等，2000）。春季气温逐渐升高，冻土开始融化，土壤微生物的活性明显增加（Whiting and Chanton，1993），沼泽湿地 CH_4 排放量也逐渐增加。气温降低可以抑制产 CH_4 菌的活性，从而减少 CH_4 的产生和释放。夏季较高的温度无法解释 CH_4 排放通量的变化。此外，CH_4 排放峰值还与潮汐水位有关。潮汐水文过程影响了盐沼湿地 CH_4 排放通量的变化（沙晨燕等，2011），不同的潮滩高

程对 CH_4 排放具有不同的影响，例如，崇明东滩低潮滩 CH_4 排放最大值为 0.09 mg/($m^2 \cdot$ h)（以 C 计），而中潮滩 CH_4 排放峰值为 9.27 mg/($m^2 \cdot$ h)（以 C 计）（杨红霞等，2006）。宋长春等（2007）对三江平原 CH_4 通量特征的研究显示其具有明显的季节及年际变化规律。Dai 等（2012）针对美国南卡罗来纳州 $160 hm^2$ 的森林湿地 CH_4 进行了时空变异性评估，发现在 $2003 \sim 2007$ 年流域尺度 CH_4 通量分别是 170.9 kg/($hm^2 \cdot$ a)、39.9 kg/($hm^2 \cdot$ a)、50.8 kg/($hm^2 \cdot$ a)、53.8 kg/($hm^2 \cdot$ a)、10.5 kg/($hm^2 \cdot$ a)（以 C 计），通量年际变化差异很大，且与年降水量显著相关。

6.3　潮汐作用下干湿交替对盐沼湿地生态系统净交换的影响

潮汐引起的水文条件变化是盐沼湿地最为自然的过程及现象，水文驱动是滨海盐沼湿地的关键驱动力，水文条件还决定了湿地土壤的营养状况及植被类型与结构梯度的变化（侯翠翠，2012），进而会影响湿地生态系统生产力的发展。潮汐淹水会影响植物的光合作用和呼吸作用（Schedlbauer et al.，2012；Kathilankal et al.，2008），同时会阻碍气体在土壤—水—气界面的传递过程及传播速率。潮水在潮滩滞留时间的差异对潮滩盐分的冲刷及下渗作用不同。潮汐淹水时长的变化会对植物的光合速率、气孔导度、光合相关酶等生理生态指标产生影响（肖强等，2005），进而影响植物的生长状况。

潮汐引起中高潮滩上周期性的暴露—淹没过程使得湿地处于土壤—水—气界面不断变化的交互作用过程中，造成了盐沼湿地独特的干湿循环变化，而这种由潮汐引起的干湿诱使湿地土壤经历一系列物理、化学和生物变化（侯立军，2004）。干湿交替会改变土壤的通透性、孔隙度、团聚体结构和可溶性有机碳等理化性质（王健波等，2013；孟伟庆等，2011）。盐沼湿地频繁的干—湿循环可以通过改变土壤盐度的大小来影响土壤中氮磷的可利用性，进而间接作用于生态系统净初级生产力（侯贯云等，2017；李龙等，2015；Krauss and Whitbeck，2012）。土壤干湿交替过程可以改变微生物活性和群落结构，进而影响土壤呼吸及有机碳的转化过程（贺云龙等，2014；王健波等，2013），影响 CO_2 的吸收和排放进程。

6.3.1　潮汐过程对生态系统净交换的影响

与涨潮前的非淹水阶段相比，淹水阶段在白天具有较强的碳吸收能力，两次涨落潮期间 NEE 吸收峰值分别为 2.44 μmol/($m^2 \cdot$ s) 和 1.43 μmol/($m^2 \cdot$ s)（以 CO_2 计）；涨潮前阶段 NEE 的吸收峰值分别为 1.78 μmol/($m^2 \cdot$ s) 和 0.86 μmol/($m^2 \cdot$ s)（以 CO_2 计）（图 6.7）。涨潮过程的湿润阶段，碳排放瞬间增大，NEE 值达到最大，为 1.37 μmol/($m^2 \cdot$ s)（以 CO_2 计）（图 6.7b）。伴随潮汐水位的不断上涨，NEE 出现较

大波动，出现多个峰值，NEE 的变化并非与水位同步，其变化具有较大的滞后性，当水位达到最高时，夜晚 NEE 在 30 min 后达到次峰值，为 1.18 μmol/(m²·s) (以 CO_2 计)，在 150 min 后达到最大峰值为 1.53 μmol/(m²·s) (以 CO_2 计) (图 6.7a)。

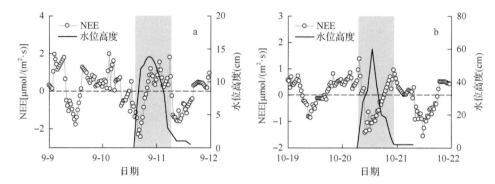

图 6.7　潮汐过程中 NEE 日动态
灰色区域表示涨落潮过程

利用配对样本 t 检验分析图 6.7 潮汐过程中非淹水阶段(涨潮前)与淹水阶段(涨落潮过程)生态系统净交换、白天生态系统净交换($NEE_{daytime}$)、光合有效辐射(PAR)、夜间生态系统净交换($NEE_{nighttime}$)、夜间 10 cm 土壤温度(T_{s10})之间的差异，得到表 6.1。结果表明，小潮期白天非淹水阶段与淹水阶段 PAR 均值无显著差异，$NEE_{daytime}$ 在淹水阶段的均值显著大于非淹水阶段。同时，大潮期时白天非淹水阶段的 PAR 均值极显著大于淹水阶段，非淹水阶段与淹水阶段的 $NEE_{daytime}$ 均值无显著差异。因此，在潮汐涨落潮的淹水阶段，PAR 不再是 $NEE_{daytime}$ 变化的限制因子，潮汐淹水成为影响 $NEE_{daytime}$ 的主要因子。在夜间，小潮时涨落潮期间的 T_{s10} 值极显著高于涨潮前，但涨落潮期间的 $NEE_{nighttime}$ 均值与涨潮前无显著差异(表 6.1)；大潮时涨落潮期间的 T_{s10} 均值则极显著低于涨潮前，但两个阶段夜晚 NEE 均值差异不显著。

表 6.1　潮汐过程中白天生态系统净交换($NEE_{daytime}$)、光合有效辐射(PAR)、夜晚生态系统净交换($NEE_{nighttime}$)、10cm 土壤温度(T_{s10})和生态系统净交换(NEE)的比较

处理	白天生态系统净交换 [μmol/(m²·s)] (以 CO_2 计)		光合有效辐射 [μmol/(m²·s)]		夜晚生态系统净交换 [(μmo/(m²·s) (以 CO_2 计)]		10cm 土壤温度(℃)		生态系统净交换 [μmo/(m²·s) (以 CO_2 计)]	
	涨潮前	涨落潮	涨潮前	涨落潮	涨潮前	涨落潮	涨潮前	涨落潮	涨潮前	涨落潮
小潮	0.10± 0.32*	−1.22± 0.25*	868.77± 133.37	879.13± 118.32	0.61± 0.09	0.43± 0.15	25.40± 0.20**	26.44± 0.20**	0.43± 0.13*	−0.15± 0.19*
大潮	−0.36± 0.06	−0.66± 0.14	620.43± 59.62**	305.68± 30.75**	0.26± 0.08	0.40± 0.12	18.80± 0.36**	17.48± 0.06**	−0.08± 0.07	−0.18± 0.13

注：数据比较从左往右；*表示 $P<0.05$，**表示 $P<0.01$

综合整个潮汐过程来看(表 6.1)，在小潮期，潮汐淹水阶段 NEE 总体表现为净吸收，而涨潮前表现为碳排放，两个阶段的平均生态系统净交换差异显著；在大潮期，尽管两个阶段 NEE 均值无显著差异，但淹水阶段 NEE 均值大于非淹水阶段 NEE 均值。

6.3.2　潮汐作用下干湿交替对 NEE 日动态的影响

图 6.8 为黄河三角洲盐沼湿地分别在 2016 年 6 月和 9 月由潮汐引起的干旱和湿润时 NEE 日动态特征曲线。干旱和湿润生态系统 NEE 的日平均动态均呈"U"形曲线，但两个阶段 NEE 的变幅差异较大。利用单因素方差分析可知，6月，夜晚干旱阶段的 NEE[(0.35 ± 0.016) μmol/(m²·s)(以 CO₂ 计)]比湿润阶段[(0.19 ± 0.019) μmol/(m²·s)(以 CO₂ 计)]显著增强了约 84%(图 6.8a)，而此时的空气温度显著低于湿润阶段(图 6.8b)($P<0.05$)；9 月，白天干旱时的 NEE[(-0.13 ± 0.042) μmol/(m²·s)(以 CO₂ 计)]比湿润阶段[(-0.62 ± 0.074) μmol/(m²·s)(以 CO₂ 计)]显著减少了约 79%(图 6.8c)，而两阶段的 PAR[干旱，(628.9 ± 60.7) μmol/(m²·s)；湿润，(604.2 ± 59.7) μmol/(m²·s)]无显著差异(图 6.8d)。

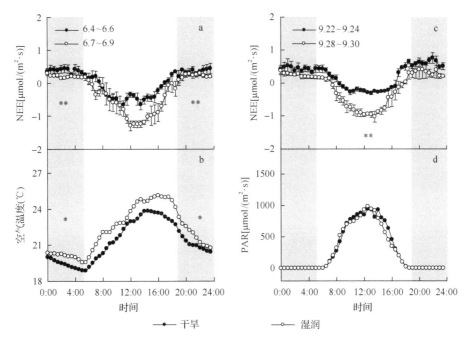

图 6.8　2016 年黄河三角洲盐沼湿地生长季干旱和湿润 NEE、T_a、PAR 日动态

灰色区域表示夜晚；*，$P<0.05$；**，$P<0.01$

6.3.3　干旱和湿润条件下 NEE 对 PAR 的响应

将图 6.9 中生长季干旱和湿润阶段白天 NEE 和 PAR 利用米氏方程（Michaelis-Menten equation）进行拟合（表 6.2）。结果表明，干旱时的拟合参数最大光合速率 A_{max} 在 7 月达到最大值为 5.32 $\mu mol/(m^2 \cdot s)$（以 CO_2 计）。表观量子产量 α、生态系统呼吸速率 R_{eco} 均在 6 月达到最大值，分别为 0.052 $\mu mol/\mu mol$（以 CO_2 计）和 3.85 $\mu mol/\mu mol$（以 CO_2 计）。湿润阶段 A_{max}、α 和 R_{eco} 分别在 10 月、9 月和 6 月达到最大值，分别为 4.47 $\mu mol/(m^2 \cdot s)$（以 CO_2 计）、0.01 $\mu mol/\mu mol$（以 CO_2 计）和 0.97 $\mu mol/\mu mol$（以 CO_2 计）。单因素方差分析可知，尽管干旱和湿润阶段的拟合参数 A_{max}、α 和 R_{eco} 没有显著差异，但是干旱时 A_{max}、α 和 R_{eco} 的均值 [A_{max}，$(3.92 \pm 0.72) \mu mol/(m^2 \cdot s)$（以 CO_2 计）；α，$(0.02 \pm 0.01) \mu mol \cdot \mu/mol$（以 CO_2 计）；R_{eco}，$(1.53 \pm 0.82) \mu mol/\mu mol$（以 CO_2 计）] 均高于湿润时期 [A_{max}，$(2.78 \pm 0.58) \mu mol/(m^2 \cdot s)$（以 CO_2 计）；α，$(0.01 \pm 0.002) \mu mol \cdot \mu/mol$（以 CO_2 计）；R_{eco}，$(0.75 \pm 0.16) \mu mol/(m^2 \cdot s)$（以 CO_2 计）]。

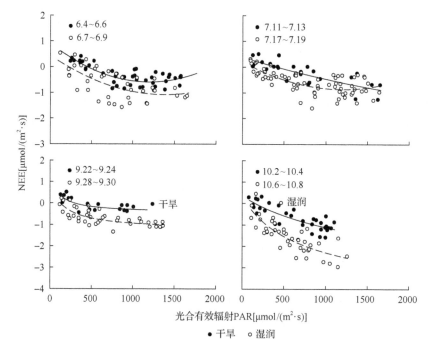

图 6.9　2016 年黄河三角洲盐沼湿地生长季干旱和湿润 NEE$_{daytime}$ 和 PAR 的关系
实线代表干旱拟合曲线；虚线代表湿润拟合曲线

表 6.2　2016 年湿地生态系统干旱和湿润阶段 NEE 和 PAR 根据
Michaelis-Menten 方程拟合的参数比较

处理	日期	最大光合速率 $[\mu mol/(m^2 \cdot s)]$ (以 CO_2 计)	表观量子产量 $[\mu mol \cdot \mu/mol$(以 CO_2 计)]	生态系统呼吸速率 $[\mu mol/(m^2 \cdot s)]$ (以 CO_2 计)	n	R^2
干旱	6.4～6.6	4.71	0.052	3.85	45	0.59
	7.11～7.13	5.32	0.001	0.38	26	0.65
	9.22～9.24	2.02	0.025	1.53	18	0.59
	10.2～10.4	3.62	0.002	0.35	33	0.70
湿润	6.7～6.9	2.58	0.007	0.97	40	0.41
	7.17～7.19	1.92	0.010	0.83	68	0.48
	9.28～9.30	2.14	0.013	0.90	41	0.56
	10.6～10.8	4.47	0.006	0.29	41	0.68

　　生长季干旱阶段和湿润阶段的 NEE 与 PAR 均呈直角双曲线关系。随着 PAR 的增加，光照强度不断增大，NEE 呈负向增加趋势，固碳能力不断增强(图 6.9)。在相同的光合有效辐射条件下，湿润阶段具有更强的吸收二氧化碳的能力。

6.3.4　干旱和湿润条件下夜间生态系统呼吸对温度的响应

　　黄河三角洲盐沼湿地夜间生态系统呼吸在潮汐引起的干旱和湿润状态下都与空气温度呈显著的指数相关关系(图 6.10)。R_{eco} 在干旱和湿润生态系统中均随着

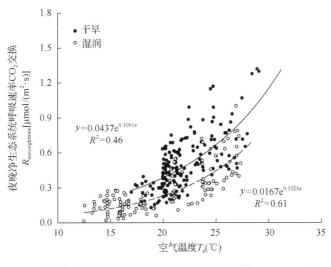

图 6.10　2016 年黄河三角洲盐沼湿地生长季干旱和湿润 $R_{eco,nighttime}$ 和 T_a 的关系
实线代表干旱拟合曲线；虚线代表湿润拟合曲线

温度的升高呈指数增加，但是，两个阶段的呼吸强度具有不同的增加速率。在相同的空气温度下，干旱阶段 NEE 的释放速率明显强于湿润阶段。此外，干旱阶段的 Q_{10}(2.98) 显著低于湿润阶段的 Q_{10}(3.71)，这说明湿润阶段生态系统呼吸对温度具有更高 CO_2 的敏感性。

6.3.5 潮汐作用对盐沼湿地生态系统净交换的影响机制

1. 潮汐过程对生态系统净交换的影响

本研究发现，整个潮汐过程中，潮汐淹水促进了白天生态系统 CO_2 的吸收。这与该区域前人研究结果一致(邢庆会等，2014)。而在闽江河口潮汐湿地，涨落潮过程中潮水淹没显著减少了 CO_2 交换通量的排放(仝川等，2011)。潮汐作用减少了北美弗吉尼亚(Virginia)盐沼湿地 CO_2 的吸收(Kathilankal et al.，2008)。潮汐淹水过程中，NEE 与潮汐水位高度呈负相关(Schäfer et al.，2014；Moffett et al.，2010)。此外，NEE 在大潮和小潮期间具有不同的固碳能力(马安娜和陆健健，2011；Guo et al.，2009)。不同潮汐水位高度、潮汐周期、淹水频率、淹水时长及不同植被类型的差异，都可能影响土壤-气碳通量的交换(邢庆会等，2014；Leopold et al.，2016；Schäfer et al.，2014；Jimenez et al.，2012)。

图 6.11 为涨落潮淹水过程与涨潮前的对比图。黄河三角洲盐沼湿地受浅层地下水位影响(孙宝玉等，2016；Fan et al.，2011)，涨潮前的干旱阶段土壤水分受较高空气温度影响水分蒸发较快，同时也加速了地下水向土壤表层的运输(Setia et al.，2011)，致使土壤表层盐分聚集析出，植物受到盐旱互作的影响，呼吸大于光合作用，因而表现为碳排放。潮汐过程中带来的水分能够冲刷有毒代谢产物。降低土壤盐度，解除植物的干旱及盐胁迫，从而促进盐地碱蓬的生长并提高其吸收

图 6.11　涨潮前与潮汐淹水过程对比

CO_2 的能力。此外，潮汐水位高度决定了盐地碱蓬被淹没的程度，植物叶面淹没的面积直接影响其光合作用的能力（Kathilankal et al.，2008）。本研究中，潮汐过程未淹没盐地碱蓬的芽和叶，此时潮汐过程中带来的充足水分及冲刷下渗过程中引起的土壤适宜盐度促进了植物的生长，使其具有更强的碳吸收能力。

潮汐水位过高时水中溶解了部分 CO_2，但涡度设备不能检测到水下状况（Forbrichand and Giblin，2015；Kathilankal et al.，2008），潮汐可以显著改变气体在水体中的扩散程度，从而影响 CO_2 的产生及排放速率（Leopold et al.，2016）。气体在水中扩散的速度比在空气中慢 10^4 倍（Vogel，1994），受限于水中 CO_2 扩散速度的大小，植物光合作用速率下降。潮汐过程携带大量泥沙进入盐沼湿地，潮汐水质较为浑浊、透光性差，当潮汐淹水完全浸没植物后，光合有效辐射不再是限制 NEE 变化的主控因子，植物光合作用降低，固碳能力下降。此外，当潮汐水位过高时，植物由前期干旱引起的盐胁迫转变为淹水胁迫，同样抑制了植物的生理生长，因而在高水位时 NEE 没有显著变化。

研究还发现，潮汐过程并未对夜晚 NEE 的释放产生显著影响，夜晚 10 cm 土壤温度在涨潮和落潮时具有不同的响应。有研究表明，夜晚潮汐淹水下的 NEE 比暴露条件下的低（Leopold et al.，2016），而也有学者认为退潮时 CO_2 排放不断增加（王维奇等，2012）。涨潮过程中水流变化较快，水具有较高的比热，其温度变化较为缓慢，因而水层的覆盖减缓了土壤温度的变化速率（曾从盛等，2010），此时土壤温度较低（王海涛等，2013）。涨潮过程中潮汐淹水对土壤存在瞬时激发效应，水分下渗占据了土壤空隙中空气的位置，促使 CO_2 短时间内快速排出（陈全胜等，2003；王义东等，2010）。潮水退去后土壤暴露于空气中，其温度快速升高。此外，退潮中水流存在的水压差携带更多的 CO_2 进入到土壤中而使夜晚 NEE 测量减少。

2. 潮汐作用引起的干湿交替对生态系统净交换的影响

潮汐驱动下潮水的涨退致使潮滩处于周期性的暴露与湿润的交互过程（侯立军，2004），而潮滩干湿交替状态的变化在促进黄河三角洲盐沼湿地白天 CO_2 吸收的同时又抑制了夜晚 CO_2 的释放。涨潮前的暴露阶段所引起的干旱胁迫会抑制植物光合电子的传递效率及其活性，进而影响植物的光合作用（林祥磊等，2008）。此外，干旱时还可能会引起植物气孔关闭，限制 CO_2 摄取，进而影响其光合活性而导致植物的光合能力下降（朱启红等，2014；李芳兰等，2009）。在涨潮前的暴露干旱阶段，较高的空气温度加速了潮滩土壤水分的蒸发（孙宝玉等，2016），蒸发作用驱动大量地下水携带盐分向土壤表层富集（侯立军，2004），致使土壤表层盐分析出，对植物形成盐胁迫。同时，在盐渍条件下会造成植物生长的离子毒害、渗透胁迫、根吸收养分减少和光合产物的降低，从而抑制光合作用（弋良朋和王祖伟，2011；黄玮等，2008；Lu et al.，2003）。

在潮水消退后的湿润阶段，土壤水分处于饱和状态，较大的湿度致使土壤颗粒黏结性增强而通透性下降(孟伟庆等，2011)，阻滞了 CO_2 的释放。此外，盐沼湿地周期性频繁的干湿交替模式改变了土壤的孔隙度、团聚体结构和涨缩性等物理性质(王健波等，2013；Helen et al.，2008)，抑制了 O_2 在土壤中的扩散(杨毅等，2011；Davidson et al.，1998)，减缓了微生物及根系对土壤有机碳的分解速率(陈全胜等，2003)，从而减少了 CO_2 的排放。此外，在海水浸没后的湿润条件下，适宜的水分及盐分促进了白天光合作用(Parida and Das，2005)，充足的底物基质供应增强了自养和异氧呼吸(Gershenson et al.，2009)，因此湿润期具有较高的 Q_{10} 值。

6.4　潮汐作用对黄河三角洲盐沼湿地 CH_4 排放的影响

CH_4 作为一种重要的温室气体，其单分子增温潜势是 CO_2 的 28 倍(IPCC，2013)，大气 CH_4 浓度微小的变化都可能对全球变化产生显著影响(Bridgham et al.，2013)。作为陆海相互作用的过渡带，湿地一直被认为是 CH_4 的自然排放源(Bridgham et al.，2013；Li et al.，2018)，但盐沼湿地因地形特征、环境因素和潮汐活动的变化，其 CH_4 排放具有较高的时空变异性，同时因其脆弱性和原生性的特点，盐沼湿地 CH_4 排放对气候变化和人类活动也非常的敏感(Sun et al.，2013)。

潮汐湿地 CH_4 通量是土壤和水中 CH_4 生成、氧化和传输的结果(Chamberlain et al.，2016)。盐沼湿地周期性的潮汐活动引起沉积物盐度、氧化还原电位、有机质和养分的短期波动(Chauhan et al.，2015)，改变了 CH_4 的产生效率和传输机制(Jacotot et al.，2018)，进而决定了盐沼湿地 CH_4 通量。潮汐水位变化是控制 CH_4 排放的重要因素。一方面，涨潮前土壤干旱有利于空气中氧的渗透，抑制了 CH_4 的产生(Neubauer，2013)，涨潮过程中高水位促进了厌氧环境的生成，既有利于 CH_4 的产生又减少了土壤氧化层的空间(Li et al.，2018)，同时潮汐淹水影响着地表沉积物的 O_2 可利用性、气体的传输速率等过程(姜欢欢等，2012；许鑫王豪等，2015；Hirotaet al.，2007)，也潜在地影响了 CH_4 的产生和扩散(姜欢欢等，2012)。另一方面，落潮后水流退去可通过瞬间改变末端电子受体的再生和耗尽及微生物群落的建立等土壤状况而对 CH_4 排放产生影响(Olefeldt et al.，2017；Deppe et al.，2010)。此外，周期性的潮汐活动引起湿地阶段性的暴露和淹没可能会导致局部的氧化还原循环，从而影响电子受体的电子流(Deppe et al.，2010)，进而影响 CH_4 的产生。

6.4.1　潮汐作用对 CH_4 通量排放日动态影响

潮汐不同阶段 CH_4 排放通量的日动态如图 6.12 所示。CH_4 通量在潮汐不同过程中具有明显的变幅差异。涨潮前，CH_4 排放通量波动较小没有明显的排放峰值。

涨落潮期间 CH_4 排放通量随着潮汐水位的变化出现多个峰值。涨潮初期，潮汐对土壤的再湿润过程可激发土壤中 CH_4 的释放，使其排放量随着水位的不断上涨而不断增大。涨落潮过程中水位的波动引起 CH_4 排放通量的波动。落潮后的湿润阶段，CH_4 排放变幅较大，存在多个峰值。整个潮汐阶段中，CH_4 排放通量在落潮后水位接近土壤表层的湿润阶段达到其排放峰值，分别为 24.3 nmol/$(m^2 \cdot s)$、15.6 nmol/$(m^2 \cdot s)$ 和 12.5 nmol/$(m^2 \cdot s)$（图 6.12）。6 月落潮后，CH_4 集中排放持续 16h 后，由排放转为吸收（图 6.12a）。

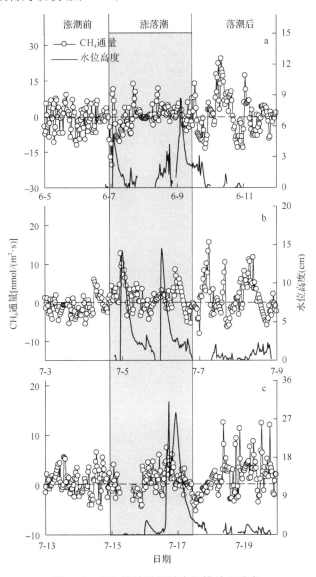

图 6.12　CH_4 排放通量随水位排放日动态

6.4.2 CH₄排放通量对不同潮汐阶段的响应

利用配对 t 检验分析图 6.12b 一个潮汐阶段中涨潮前与涨落潮淹水阶段、涨潮前与落潮后、涨落潮淹水阶段与落潮后 CH_4 排放的差异(图 6.13)。结果表明，涨潮前 CH_4 排放均值 $(-0.91\pm0.26)\,nmol/(m^2\cdot s)$ 显著低于涨落潮淹水阶段 $(1.34\pm0.36)\,nmol/(m^2\cdot s)$ 和落潮后湿润阶段 $(1.24\pm0.52)\,nmol/(m^2\cdot s)$ $(P<0.01)$，涨落潮淹水阶段与落潮后 CH_4 排放均值无显著差异。整个潮汐过程中，CH_4 以排放为主，其排放均值为 $(0.56\pm0.26)\,nmol/(m^2\cdot s)$。

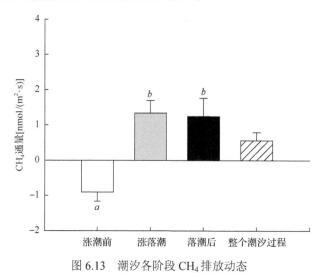

图 6.13　潮汐各阶段 CH_4 排放动态

6.4.3 潮汐作用对 CH₄排放的影响机制

图 6.14 为盐沼湿地 CH_4 排放对整个潮汐过程的响应概念图，涨潮前无降雨和潮汐活动，盐沼湿地土壤较为干旱，湿地以好氧过程为主，深层厌氧土壤产生的 CH_4 在土壤剖面的传输过程中极易被表层根际微生物氧化而导致其排放量降低(韩广轩，2017；栾军伟等，2012)(图 6.14a)；涨落潮过程中，潮汐淹水既促进了厌氧层的形成，又限制了土壤好氧层的空间(Li et al.，2018)，潮汐淹水过程中，湿地土壤产生的 CH_4 通过扩散、气泡和植物传输排放到大气中(韩广轩，2017)，其中植物传输约占整个 CH_4 排放量的 90%(孟伟庆等，2011)(图 6.14b)。落潮后的湿润阶段，土壤水分处于饱和状态，有利于 CH_4 的产生(Li et al.，2018)。此外，湿润阶段促进了 CO_2 的吸收(贺文君等，2018)，大量的 CO_2 和 H_2 作用生成 CH_4，排放到大气中(孟伟庆等，2011)(图 6.14c)。

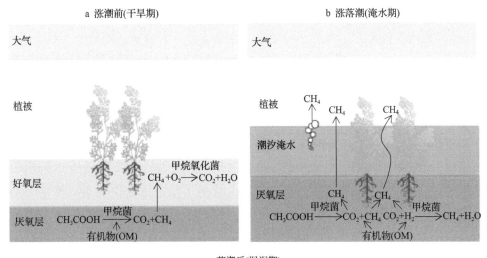

图 6.14 盐沼湿地 CH_4 排放对潮汐过程的响应概念图

落潮后，水位接近土壤表层时 CH_4 排放达到峰值，这种集中排放并不能维持较长时间(图 6.12)。潮汐淹水阶段气体在水中传输速率较慢，部分溶解于水中的 CH_4 在落潮后逐渐排放到大气中被涡度设备监测到，因而存在时间上的滞后性(仝川等，2009)。潮水退去后湿地土壤失去水流屏障，土壤厌氧层产生的 CH_4 得以集中释放。落潮后，滞留在土体中的 CH_4 与大量进入土壤中的 O_2 维持了甲烷氧化细菌的活性(Ma et al.，2013)，使得 CH_4 在集中爆发后并不能持续较长时间，逐渐由排放转为吸收，这与江青等(2010)的研究结果一致。

本研究发现，一个潮汐循环中潮汐淹水阶段和落潮后表现为 CH_4 的显著源，涨潮初期潮汐淹水对土壤存在瞬时激发效应，而使 CH_4 排放随着水位的升高不断增加(图 6.12)，伴随着潮汐水位的不断上涨，湿地土壤厌氧层不断增加对土壤中

CH_4 的产生起着积极作用。尽管潮汐淹水引起的静水压阻滞了土壤中 CH_4 的排放（许鑫王豪等，2015），但本研究主要为小潮期，潮汐过程中水位并未完全淹没盐地碱蓬，CH_4 可通过植物传输到大气中。此外，潮汐淹水期间大型动物的穴居生活有利于土壤渗透性的增加（Santos et al.，2012），同时潮汐淹水对螃蟹洞穴的冲刷，增加了土壤的有效表面积，有利于 CH_4 的扩散（Jacotot et al.，2018；Heron and Ridd，2008），而使涨落潮过程表现为 CH_4 的源。

研究还发现，落潮后湿润阶段 CH_4 排放均值显著高于涨潮前阶段（图 6.13），盐沼湿地由于受到短期潮汐影响对 CH_4 的排放产生不同的影响（Hirota et al.，2007）。在闽江河口潮汐湿地，涨潮前和落潮后 CH_4 排放没有显著差异，涨潮前很多时候要比落潮后 CH_4 的排放量更大（Tong et al.，2010）。汪青等（2010）的研究表明在落潮后 CH_4 排放的更多，这种现象可能与土壤性质有关（曾从盛等，2010）。此外，水分状况对土壤中 CH_4 的产生起着决定性作用（王德宣等，2003），落潮后土壤水分处于饱和状态，相较于涨潮前的干旱状态更有利于 CH_4 的产生。这种由潮汐引起的土壤干湿变化导致了 CH_4 在落潮后脉冲式的排放，这种脉冲式的排放也可能与潮汐过程携带来的大量有机物质有关（Dinsmore et al.，2009；Zhu et al.，2018）。此外，潮汐活动诱导改变了土壤的氧化还原电位（Deborde et al.，2010），促使甲烷菌和产甲烷菌在这种间歇性曝气中具有不同的增长速率及活跃程度（Deppe et al.，2010；Segers，1998），从而使整个潮汐过程中 CH_4 排放量存在差异。

短期潮汐过程可能会通过改变潮滩暴露和淹水时长而影响湿地 CH_4 的排放；同时潮汐引起的干湿循环导致 CH_4 脉冲式的排放，很大程度上决定了长时间尺度上温室气体的排放总量，影响盐沼湿地 CH_4 源汇功能的转变（栾军伟等，2012），而未来气候变化下温度升高和降雨季节分配引起的土壤干湿循环的变化将会对该区域 CH_4 排放甚至碳循环产生积极影响。

参 考 文 献

布乃顺，王坤，侯玉乐，等. 2015. 半月周期的潮汐对滨海湿地土壤理化性质的影响. 长江流域资源与环境，24(11)：1898-1905.

陈全胜，李凌浩，韩兴国，等. 2003. 水分对土壤呼吸的影响及机理. 生态学报，23(5)：972-978.

初小静，韩广轩，朱书玉，等. 2016. 环境和生物因子对黄河三角洲滨海湿地生态系统净交换的影响. 应用生态学报，27(7)：2091-2100.

崔利芳，王宁，葛振鸣，等. 2014. 海平面上升影响下长江口滨海湿地脆弱性评价. 应用生态学报，25(2)：553-561.

韩广轩. 2017. 潮汐作用和干湿交替对盐沼湿地碳交换的影响机制研究进展. 生态学报，37(24)：8170-8178.

贺宝根, 王初, 周乃晟, 等. 2008. 长江河口崇明东滩周期性淹水区域水流的基本特征. 地球科学进展, 23(3): 276-283.

贺文君, 韩广轩, 许延宁, 等. 2018. 潮汐作用下干湿交替对黄河三角洲盐沼湿地生态系统净交换的影响. 应用生态学报, 29(1): 269-277.

贺云龙, 齐玉春, 董云社, 等. 2014. 干湿交替下草地生态系统土壤呼吸变化的微生物响应机制研究进展. 应用生态学报, 25(11): 3373-3380.

侯翠翠. 2012. 水文条件变化对三江平原沼泽湿地土壤碳蓄积的影响. 中国科学院研究生院博士学位论文.

侯贯云, 翟水晶, 乐晓青, 等. 2017. 潮汐对闽江口感潮湿地孔隙水及土壤中硅、氮浓度的影响. 应用生态学报, 28(1): 337-344.

侯立军. 2004. 长江口滨岸潮滩营养盐环境地球化学过程及生态效应. 华东师范大学博士学位论文.

胡启武, 朱丽丽, 幸瑞新, 等. 2011. 鄱阳湖苔草湿地甲烷释放特征. 生态学报, 31(17): 4851-4857.

黄国宏, 肖笃宁, 李玉祥, 等. 2001. 芦苇湿地温室气体甲烷排放研究. 生态学报, 21(9): 1494-1497.

黄玮, 李志刚, 乔海龙, 等. 2008. 旱盐互作对盐地碱蓬生长及其渗透调节物质的影响. 中国生态农业学报, 16(1): 173-178.

姜欢欢, 孙志高, 王玲玲, 等. 2012. 秋季黄河口滨岸潮滩湿地系统 CH_4 通量特征及影响因素研究. 环境科学, 33(2): 565-573.

李芳兰, 包维楷, 吴宁. 2009. 白刺花幼苗对不同强度干旱胁迫的形态与生理响应. 生态学报, 29(10): 5406-5416.

李龙, 姚云峰, 秦富仓, 等. 2015. 黄花甸子流域土壤全氮含量空间分布及其影响因素. 应用生态学报, 26(5): 1306-1312.

李莎莎, 孟宪伟, 葛振鸣, 等. 2014. 海平面上升影响下广西钦州湾红树林脆弱性评价. 生态学报, 34(10): 2702-2711.

林祥磊, 许振柱, 王玉辉, 等. 2008. 羊草(*Leymus chinensis*)叶片光合参数对干旱与复水的响应机理与模拟. 生态学报, 28(10): 4718-4724.

栾军伟, 崔丽娟, 宋洪涛, 等. 2012. 国外湿地生态系统碳循环研究进展. 湿地科学, 10(2): 235-242.

马安娜, 陆健健. 2011. 长江口崇西湿地生态系统的二氧化碳交换及潮汐影响. 环境科学研究, 24(7): 716-721.

孟伟庆, 吴绽蕾, 王中良. 2011. 湿地生态系统碳汇与碳源过程的控制因子和临界条件. 生态环境学报, 20(8): 1359-1366.

沙晨燕, 王敏, 王卿, 等. 2011. 湿地碳排放及其影响因素. 生态学杂志, 30(9): 2072-2079.

宋长春, 张丽华, 王毅勇, 等. 2007. 淡水沼泽湿地 CO_2、CH_4 和 N_2O 排放通量年际变化及其对氮输入的响应. 环境科学, 27(12): 2369-2375.

宋涛. 2007. 三江平原生态系统 CO_2 交换通量的长期观测研究. 南京信息工程大学博士学位论文.

孙宝玉, 韩广轩, 陈亮, 等. 2016. 模拟增温对黄河三角洲滨海湿地非生长季土壤呼吸的影响. 植物生态学报, 40(11): 1111-1123.

仝川, 鄂焱, 廖稷, 等. 2011. 闽江河口潮汐沼泽湿地 CO_2 排放通量特征. 环境科学学报, 31(12): 2830-2840.

仝川, 黄佳芳, 王维奇, 等. 2012. 闽江口半咸水芦苇潮汐沼泽湿地甲烷动态. 地理学报, 67(9): 1165-1180.

仝川, 曾从盛, 王维奇, 等. 2009. 闽江河口芦苇潮汐湿地甲烷通量及主要影响因子. 环境科学学报, 29(1): 207-216.

汪宏宇, 周广胜. 2006. 盘锦湿地芦苇生态系统长期通量观测研究. 气象与环境学报, 22(4): 18-24.

汪青, 刘敏, 侯立军, 等. 2010. 崇明东滩湿地 CO_2、CH_4 和 N_2O 排放的时空差异. 地理研究, 29(5): 935-946.

王德宣, 丁维新, 王毅勇. 2003. 若尔盖高原与三江平原沼泽湿地 CH_4 排放差异的主要环境影响因素. 湿地科学, 1(1): 63-67.

王德宣, 宋长春, 王毅勇, 等. 2008. 若尔盖高原沼泽湿地与草地二氧化碳通量的比较. 应用生态学报, 19(2): 285-289.

王海涛, 杨小茹, 郑天凌. 2013. 模拟潮汐和植被对湿地温室气体通量的影响研究. 环境科学学报, 33(12): 3376-3385.

王健波, 张燕卿, 严昌荣, 等. 2013. 干湿交替条件下土壤有机碳转化及影响机制研究进展. 土壤通报, 44(4): 998-1004.

王维奇, 曾从盛, 仝川, 等. 2012. 闽江河口潮汐湿地二氧化碳和甲烷排放化学计量比. 生态学报, 32(14): 4396-4402.

王义东, 王辉民, 马泽清, 等. 2010. 土壤呼吸对降雨响应的研究进展. 植物生态学报, 34(5): 601-610.

肖强, 郑海雷, 叶文景, 等. 2005. 水淹对互花米草生长及生理的影响. 生态学杂志, 24(9): 1025-1028.

邢庆会, 韩广轩, 于君宝, 等. 2014. 黄河口潮间盐沼湿地生长季生态系统净交换特征及其影响因素. 生态学报, 34(17): 4966-4979.

徐丽君, 唐华俊, 杨桂霞, 等. 2011. 贝加尔针茅草原生态系统生长季碳通量及其影响因素分析. 草业学报, 20(6): 287-292.

许鑫王豪, 赵一飞, 邹欣庆, 等. 2015. 中国滨海湿地 CH_4 通量研究进展. 自然资源学报, 30(9): 1594-1605.

杨红霞, 王东启, 陈振楼, 等. 2006. 长江口潮滩湿地-大气界面碳通量特征. 环境科学学报, 26(4): 667-673.

杨毅, 黄玫, 刘洪升, 等. 2011. 土壤呼吸的温度敏感性和适应性研究进展. 自然资源学报, 26(10): 1811-1820.

叶勇, 卢昌义, 林鹏. 2000. 海莲红树林土壤 CH_4 动态研究. 土壤与环境, 9(2): 91-95.

弋良朋, 王祖伟. 2011. 盐胁迫下 3 种滨海盐生植物的根系生长和分布. 生态学报, 31(5): 1195-1202.

曾从盛, 王维奇, 张林海, 等. 2010. 闽江河口短叶茳芏潮汐湿地甲烷排放通量. 应用生态学报, 21(2): 500-504.

张锦文, 杜碧兰. 2000. 中国黄海沿岸潮差的显著增大趋势. 海洋通报, 19(1): 1-9.

章卫胜, 张金善, 林瑞栋, 等. 2013. 中国近海潮汐变化对外海海平面上升的响应. 水科学进展, 24(2): 243-250.

朱启红, 李鹏辉, 李爽, 等. 2014. 干湿交替对海芋光合特性的影响. 水生态学杂志, 35(6): 88-92.

Baldocchi D D. 2003. Assessing the eddy covariance technique for evaluating carbon dioxide exchange rates of ecosystems: past, present and future. Global Change Biology, 9(4): 479-492.

Bauer J E, Cai W J, Raymond P A, et al. 2013. The changing carbon cycle of the coastal ocean. Nature, 504: 61-70.

Bridgham S D, Cadilloquiroz H, Keller J K, et al. 2013. Methane emissions from wetlands: biogeochemical, microbial, and modeling perspectives from local to global scales. Global Change Biology, 19: 1325-1346.

Brix H, Sorrell B K, Lorenzen B. 2001. Are Phragmites-dominated wetlands a net source or net sink of greenhouse gases. Aquatic Botany, 69: 313-324.

Chamberlain S D, Gomez-Casanovas N, Walter M T, et al. 2016. Influence of transient flooding on methane fluxes from subtropical pastures. Journal of Geophysical Research Biogeosciences, 121(3): 965-977.

Chauhan R, Datta A, Ramanathan A, et al. 2015. Factors influencing spatio-temporal variation of methane and nitrous oxide emission from a tropical mangrove of eastern coast of India. Atmospheric Environment, 107: 95-106.

Chmura B G, Anisfeld S, Cahoon D R, et al. 2003. Global carbon sequestration in tidal, saline wetland soils. Global Biogeochemical Cycles, 17: 1111.

Cui B S, Yang Q C, Yang Z F, et al. 2009. Evaluating the ecological performance of wetland restoration in the Yellow River Delta, China. Ecological Engineering, 35(7): 1090-1103.

Dai Z, Trettin C C, Li C, et al. 2012. Effect of assessment scale on spatial and temporal variations in CH_4, CO_2, and N_2O fluxes in a forested wetland. Water Air and Soil Pollution, 223: 253-265.

Davidson E A, Belk E, Boone R D. 1998. Soil water content and temperature as independent or confounded factors controlling soil respiration in a temperate mixed hardwood forest. Global Change Biology, 4: 217-227.

Deborde J, Anschutz P, Guérin F, et al. 2010. Methane sources sinks and fluxes in a temperate tidal Lagoon: the Arcachon lagoon (SW France). Estuarine Coastal and Shelf Science, 89 (4): 256-266.

Deppe M, Mcknight D M, Blodau C. 2010. Effects of short-term drying and irrigation on electron flow in mesocosms of a northern bog and an alpine fen. Environmental Science and Technology, 44 (1): 80-86.

Dinsmore K J, Skiba U M, Billett M F, et al. 2009. Effect of water table on greenhouse gas emissions from peatland mesocosms. Plant and Soil, 318 (1-2): 229-242.

Fan X, Pedroli B, Liu G, et al. 2012. Soil salinity development in the Yellow River Delta in relation to groundwater dynamics. Land Degradation & Development, 23 (2): 175-189.

Fan X M, Pedroli B, Liu G H, et al. 2011. Potential plant species distribution in the Yellow River Delta under the influence of groundwater level and soil salinity. Ecohydrology, 4: 744-756.

Forbrich I, Giblin A E. 2015. Marsh-atmosphere CO_2 exchange in a New England salt marsh. Journal of Geophysical Research Biogeosciences, 120: 1825-1838.

Gershenson A, Bader N E, Cheng W X. 2009. Effects of substrate availability on the temperature sensitivity of soil organic matter decomposition. Global Change Biology, 15: 176-183.

Guo H, Asko N, Zhao B, et al. 2009. Tidal effects on net ecosystem exchange of carbon in an estuarine wetland. Agricultural and Forest Meteorology, 149: 1820-1828.

Han G, Chu X, Xing Q, et al. 2015. Effects of episodic flooding on the net ecosystem CO_2 exchange of a supratidal wetland in the Yellow River Delta. Journal of Geophysical Research Biogeosciences, 120: 1506-1520.

Han G X, Yang L Q, Yu J B, et al. 2013. Environmental controls on net ecosystem CO_2 exchange over a reed (Phragmitesaustralis) wetland in the Yellow River Delta, China. Estuaries and Coasts, 36: 401-413.

Han G X, Xing Q H, Yu J B, et al. 2014. Agricultural reclamation effects on ecosystem CO_2 exchange of a coastal wetland in the Yellow River Delta. Agriculture, Ecosystems and Environment, 196: 187-196.

Helen G, Philip M, Richard D. 2008. Drying and rewetting effects on soil microbial community composition and nutrient leaching. Soil Biology Biochemistry, 40: 302-311.

Henman J, Poulter B. 2008. Inundation of freshwater peatlands by sea level rise: Uncertainty and potential carbon cycle feedbacks. Journal of Geophysical Research Biogeosciences, 113: 130-134.

Heron S F, Ridd P V. 2008. The tidal flushing of multiple-loop animal burrows. Estuarine Coastal and Shelf Science, 78(1): 135-144.

Hirota M, Senga Y, Seike Y, et al. 2007. Fluxes of carbon dioxide, methane and nitrous oxide in two contrastive fringing zones of coastal lagoon, Lake Nakaumi, Japan. Chemosphere, 68(3): 597-603.

IPCC. 2013. Climate Change 2013: The Physical Science Basis//Stocker T F, Qin D, Plattner G K, et al. Contribution of Working Group I to the Fifth Assessment Report of theIntergovernmental Panel on Climate Change. Cambridge, Cambridge University Press.

Jacotot A, Marchand C, Allenbach M. 2018. Tidal variability of CO_2 and CH_4 emissions from the water column within a Rhizophora mangrove forest(New Caledonia). Science of the Total Environment, (631-632): 334-340.

Jimenez K L, Starr G, Staudhammer C L, et al. 2012. Carbon dioxide exchange rates from short-and long-hydroperiod Everglades freshwater marsh. Journal of Geophysical Research Biogeosciences, 117: 12751.

Kathilankal J C, Mozdzer T J, Fuentes J D, et al. 2008. Tidal influences on carbon assimilation by a salt marsh. Environmental Research Letters, 3: 52-55.

Kim J, Verma S B, Billesbach D P. 1999. Seasonal variation in methane emission from a temperate Phragmites-dominated marsh: effect of growth stage and plant-mediated transport. Global Change Biology, 5: 433-440.

Krauss K W, Whitbeck J L. 2012. Soil greenhouse gas fluxes during wetland forest retreat along the lower Savannah River, Georgia(USA). Wetlands, 32: 73-81.

Leopold A, Marchand C, Renchon A, et al. 2016. Net ecosystem CO_2 exchange in the "Coeur de Voh" mangrove, New Caledonia: effects of water stress on mangrove productivity in asemi-arid climate. Agricultural and Forest Meteorology, 223: 217-232.

Li H, Dai S, Ouyang Z T, et al. 2018. Multi-scale temporal variation of methane flux and its controls in a subtropical tidal salt marsh in eastern China. Biogeochemistry, 137(1-2): 163-179.

Lu C M, Jiang G M, Wang B S, et al. 2003. Photosystem II photochemistry and photosynthetic pigment composition in salt-adapted halophyte *Artimisia anethifolia* grown under outdoor conditions. Journal of Plant Soil, 160: 403-408.

Ma K, Conrad R, Lu Y H. 2013. Dry/wet cycles change the activity and population dynamics of methanotrophs in rice field soil. Applied and Environmental Microbiology, 79(16): 4932-4939.

Moffett K B, Adam W, Berry J A, et al. 2010. Salt marsh-atmosphere exchange of energy, water vapor, and carbon dioxide: effects of tidal flooding and biophysical controls. Water Resources Research, 46: 5613-5618.

Neubauer S C. 2013. Ecosystem responses of a tidal freshwater marsh experiencing saltwater intrusion and altered hydrology. Estuaries and Coasts, 36(3): 491-507.

Olefeldt D, Euskirchen E S, Harden J, et al. 2017. A decade of boreal rich fen greenhouse gas fluxes in response to natural and experimental water table variability. Global Change Biology, 23(6): 2428-2440.

Parida A K, Das A B. 2005. Salt tolerance and salinity effects on plants: a review. Ecotoxicology and Environmental Safety, 60: 324-349.

Saarnio S, Saarinen T, Vasander H, et al. 2000. A moderate increase in the annual CH_4 efflux by raised CO_2 or NH_4NO_3 supply in a boreal oligotrophic mire. Global Change Biology, 6: 137-144.

Santos I R, Eyre B D, Huettel M. 2012. The driving forces of porewater and groundwater flow in permeable coastal sediments: a review. Estuarine Coastal and Shelf Science, 98(1): 1-15.

Schäfer K V R, Tripathee R, Artigas F, et al. 2014. Carbon dioxide fluxes of an urban tidal marsh in the Hudson-Raritan estuary. Journal of Geophysical Research Biogeosciences, 119(1): 2065-2081.

Schedlbauer J L, Munyon J W, Oberbauer S F, et al. 2012. Controls on ecosystem carbon dioxide exchange in short-and long-hydroperiod Florida Everglades freshwater marshes. Wetlands, 32: 801-812.

Segers R. 1998. Methane production and methane consumption: a review of processes underlying wetland methane fluxes. Biogeochemistry, 41(1): 23-51.

Setia R, Marschner P, Baldock J, et al. 2011. Relationships between carbon dioxide emission and soil properties in salt-affected landscapes. Soil Biology and Biochemistry, 43: 667-674.

Sun Z G, Jiang H H, Wang L L, et al. 2013. Seasonal and spatial variations of methane emissions from coastal marshes in the northern Yellow River estuary, China. Plant and Soil, 369(1-2): 317-333.

Tong C, Wang W Q, Zeng C S, et al. 2010. Methane(CH_4) emission from a tidal marsh in the Min River estuary, southeast China. Journal of Environmental Science and Health, Part A: Toxic Hazardous Substances and Environmental Engineering, 45(4): 506-516.

Tzortziou M, Neale P J, Megonigal J P, et al. 2011. Spatial gradients in dissolved carbon due to tidal marsh outwelling into a Chesapeake Bay estuary. Marine Ecology Progress, 426: 41-56.

Vogel S. 1994. Life in Moving Fluids: the Physical Biology of Flow. Princeton: Princeton University Press.

Whiting G J, Chanton J P. 1993. Primary production control of methane emission from wetlands. Nature, 364: 794-795.

Yan Y E, Zhao B, Chen J Q, et al. 2008. Closing the carbon budget of estuarine wetlands with tower-based measurements and MODIS time series. Global Change Biology, 14: 1690-1702.

Zhu X Y, Song C C, Chen W W, et al. 2018. Effects of water regimes on methane emissions in peatland and gley marsh. Vadose Zone Journal, 17(1): 1-7.

第 7 章

黄渤海水体颗粒碳
2003～2016年时空
演变规律*

* 樊航，王秀君，北京师范大学全球变化与地球系统科学研究院
章海波，浙江农林大学土壤污染生物修复重点实验室

陆架边缘海是大陆和大洋之间的过渡区，是海-陆物质运输的连接体，受人类活动和大洋环流的共同影响。已有研究表明，陆架边缘海虽然只占全球海洋总面积的 7%左右，但却贡献了 14%～30%的海洋初级生产力(Gattuso et al.，1998)；海洋中大约有 80%的有机质和 50%的碳酸钙沉积在边缘海(Gattuso et al.，1998)；相比于开阔大洋，边缘海对吸收大气中的 CO_2 有着更为显著的贡献(Cai et al.，2006；Thomas et al.，2004；Borges et al.，2005)。所以，研究边缘海的碳储存能力对全球碳循环至关重要。

黄渤海是我国东部典型的陆架边缘海，受到陆地径流和环流的影响，水文环境复杂。黄海位于我国大陆和朝鲜半岛之间，是一个近似南北向的半封闭浅海，西北与渤海相连，南部与东海相连，平均水深约 44 m。渤海是一个半封闭型的内海，三面与陆地毗邻，水深较浅，大约 95%的地区深度小于 30 m。黄渤海周围有众多河流流入，如黄河、长江等，带来了大量的营养物质和有机物，促进了浮游植物的光合作用过程，提高了初级生产力。明清时期，古黄河由苏北入海，在古黄河口附近堆积了大量沉积物(卢勇等，2007)。黄渤海离岸海域受水团和环流的影响显著，夏季海表温度明显升高，而北黄海和南黄海的中心底部则各有一个冷水团，因此形成了较大的温跃层，分层现象明显，阻碍了底层的营养物质和悬浮物质向表层再悬浮(鲍献文等，2010；张海波等，2016；Zhang et al.，2008)。已有研究表明，黄河和长江每年向黄渤海输入大量的颗粒有机碳(particulate organic carbon，POC)和颗粒无机碳(particulate inorganic carbon，PIC)(Wang et al.，2016)。

近年来，国内已有很多关于黄渤海碳循环的研究。例如，张龙军等(2008)发现 2006 年 12 月北黄海表层海水 pCO$_2$ 的分布主要受控于海水温度、碳酸盐体系平衡和生物活动。刘军等(2015)基于 2012 年 5 月和 11 月对黄渤海的调查，发现溶解有机碳和颗粒有机碳呈现近岸高、离岸低的空间分布趋势。此外，对 POC 季节性分布的研究发现，胶州湾 POC 呈初春较高、秋季较低的趋势(孙作庆和杨鹤鸣，1992)。有研究还发现南黄海和北黄海中部因受到黄海环流和黄海冷水团的影响 POC 浓度较低，且在不同温盐水团中 POC 的主要影响因素不同(张海波等，2016)。而针对黄渤海 PIC 的研究目前还主要集中在河口区域。例如，Gu 等(2009)通过在黄河口水柱中采集样品，过滤悬浮颗粒物得到 PIC 和 POC 的比值，为 3.6。王晓亮(2005)在黄河口实地采样测量 PIC 的含量，发现 PIC 与总悬浮物固体之间存在很好的相关关系，硝酸盐、磷酸盐等对 PIC 的分布存在一定的影响。

综合国内现有的研究发现，对于黄渤海海域 POC 的研究主要集中在运用实测数据分析其分布特点、来源及影响因素等，大多数研究局限于单一季节，或只研究一年内不同季节的分布变化；而对于 PIC 的研究则是集中在河口等小范围地区，对于黄渤海等大范围海域的研究则相对非常稀少。因此，本研究主要探究长时间尺度黄渤海 POC 和 PIC 的时空演变规律。应用的主要数据是从 NASA 宇航局网站(https://oceancolor.gsfc.nasa.gov)上下载 2002 年 7 月至 2016 年 12 月 MODIS-Aqua 卫星传感器的高精度 POC、PIC 数据资料。为了进一步研究颗粒有机碳、无机碳空间分布的影响因素和内外源，也下载了同一时间同一精度的叶绿素遥感数据。

7.1　颗粒有机碳(POC)季节性空间分布规律

7.1.1　POC 空间分布

为了验证遥感数据的可靠性，我们从已经发表的文章中收集了一些实测的 POC 数据，并与同一时期同一地区的遥感 POC 数据进行了比较。如表 7.1 所示，实测数据(190～459 mg/m^3)与遥感数据(259～487mg/m^3)的 POC 数值区间相近。除 2012 年 5 月在黄海的实测数据与遥感数据之间相对差异达到 49%以外，其他时间地区的相对差异均较小(2%～25%)。但是，我们发现 POC 的最低、最高值分别在两类数据的不同时期出现，例如，实测 POC 在 2010 年 4～5 月最高，而遥感 POC 数据则是在 2012 年 5 月最高；实测 POC 在 2012 年 11 月最低，而遥感 POC 则在 2013 年 6～7 月最低。然而，实测和遥感数据都显示出 POC 在春季最高的特点。

表 7.1　实测 POC 和遥感数据在同一时间和地区的比较

时间	地区	平均值(标准差)(mg/m^3)		相对差异(%)
		实测	遥感	
2010 年 4～5 月	37.5°～40°N，118°～121°E(渤海)	459(151)[a]	422(54.4)	−8
2010 年 4～5 月	32°～38.5°N，120°～124°E(黄海)	325(304)[a]	333(124)	2
2010 年 9 月	37.5°～40°N，118°～121°E(渤海)	432(241)[a]	419(71.9)	−3
2010 年 9 月	32°～38.5°N，120°～124°E(黄海)	285(221)[a]	266(116)	−7
2012 年 5 月	37.8°～40°N，118°～121°E(渤海)	420(170)[b]	487(94)	16
2012 年 5 月	32°～39°N，121°～124°E(黄海)	200(180)[b]	297(155)	49
2012 年 11 月	37.8°～40°N，118°～121°E(渤海)	290(140)[b]	339(31.4)	17
2012 年 11 月	32°～39°N，121°～124°E(黄海)	190(140)[b]	283(98.7)	49
2013 年 6～7 月	37.5°～40°N，118.7°～121°E(渤海)	441(111)[c]	383(79.1)	−13
2013 年 6～7 月	37.5°～39°N，121°～124°E(北黄海)	347(131)[c]	259(98.2)	−25
2013 年 6～7 月	31°～37.2°N，121°～124°E(南黄海)	316(277)[c]	269(113)	−15

数据来源：a.商荣宁(2011)；b.刘军等(2015)；c.张海波等(2016)
注：相对差异计算为(估算值−测量值)/测量值×100%

我们进一步分析了 2003～2016 年黄渤海 POC 的空间分布。如表 7.2 所示，渤海和北黄海的 POC 浓度高于南黄海，其浓度分别为 413 mg/m³、394 mg/m³、311 mg/m³。总的来说，从近岸到离岸 POC 浓度有逐渐下降的趋势(图 7.1)。已有一些研究表明，初级生产力对边缘海域 POC 的空间分布有很大影响(Reigstad et al.，2008；Hung et al.，2013)。早期研究表明，渤海的初级生产力高于黄海(檀赛春和石广玉，2006)。渤海是一个几乎封闭的边缘海，三面环陆，仅通过渤海海峡与黄海相连，大量的陆源输入不仅带来了含有机碳的物质，还带来了大量的营养物质，使得近岸浮游植物初级生产力高于离岸海域,进而导致近岸 POC 浓度较高。

表 7.2 PIC、POC、PIC/POC 在渤海、北黄海和南黄海的四季平均值

季节	渤海 (37°～40°N，118.5°～121°E)			北黄海 (37°～40°N，121°～124.5°E)			南黄海 (33°～37°N，119°～126°E)		
	PIC (mg/m³)	POC (mg/m³)	PIC/POC	PIC (mg/m³)	POC (mg/m³)	PIC/POC	PIC (mg/m³)	POC (mg/m³)	PIC/POC
春季	1318	452	2.92	249	477	0.52	903	375	2.41
夏季	960	415	2.31	99	284	0.35	586	216	2.71
秋季	1278	411	3.11	187	415	0.45	658	308	2.14
冬季	1558	374	4.17	416	401	1.04	979	344	2.85
平均值	1279	413	3.10	238	394	0.60	782	311	2.51

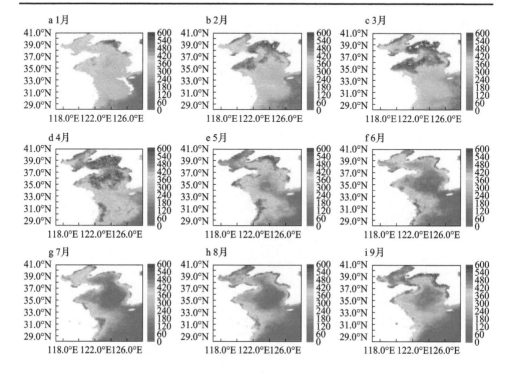

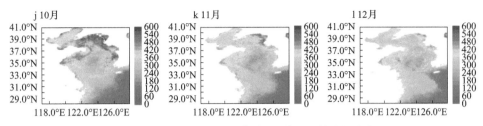

图 7.1　黄渤海 POC（mg/m³）在 12 个月份的空间分布

除了海洋自身生产过程，我们还发现其他过程也可以影响 POC 的空间分布，如河流每年向沿岸海洋输送大量的有机碳（Bianchi et al., 2007；Wang et al., 2012）；密西西比河向墨西哥湾输送大量的 POC，在河口处浓度最高，随后急剧减少（Trefry et al., 1994）。刘军等（2015）在 2012 年 5 月和 11 月对黄渤海海域水体中的有机碳浓度与分布进行了分析，发现有机碳的主要来源为初级生产力，其次是沉积物再悬浮、东海与黄海水交换及河流和陆源输入。一般来说，沉积物再悬浮会导致 POC 在浅水区浓度较高，因此渤海浅水区（和近岸海域）的 POC 浓度较高。此外，程君等（2011）指出黄海的 POC 浓度约为东海的 2 倍，所以黄海与东海之间的水交换会导致黄海 POC 浓度降低。

7.1.2　POC 季节变化

早期的实测研究表明，渤海的初级生产力在夏季高于春季（吕瑞华等，1999），这意味着春季可能有额外的 POC 输入（如通过河流输入或沉积物再悬浮）或夏季 POC 减少。但我们的分析却表明，渤海海域表层 POC 浓度在春季最高、冬季最低，其在春、夏、秋、冬季平均值分别为 452 mg/m³、415 mg/m³、411 mg/m³ 和 374 mg/m³（表 7.2）。鉴于夏季从黄河输入渤海的 POC 约占年度总投入量的 86%（Wang et al., 2012），我们认为春季通过河流输入渤海的 POC 量并不高。有证据表明，春季渤海海域悬浮的泥沙量高于夏季（庞重光等，2014），夏季渤海与黄海之间则存在显著的水交换（张志欣，2014），这将导致夏季渤海的 POC 浓度减少（即稀释效应）。

如图 7.1 所示，POC 浓度从春季到夏季的减少主要发生在渤海与北黄海相连的中部。对于黄海而言，除南黄海沿海地区以外，表层 POC 浓度在 3～4 月最高，7 月最低。早期的一项研究表明，1984～1985 年夏季黄海的初级生产力高于冬季（朱明远等，1993）；最近对北黄海的一项研究也表明，7 月中旬至 8 月上旬的初级生产力比 1 月初高出约 3 倍（高爽等，2009）；但我们的研究却表明冬季 POC 浓度高于夏季，这意味着可能存在导致夏季 POC 浓度降低和/或冬季 POC 浓度增加的过程。从图 7.1 可以看出，夏季南黄海中心 POC 浓度极低（约 100 mg/m³），这可能与黄海冷水团有关,黄海冷水团可能引起强烈的分层(因此垂直混合较弱)和悬浮,从而导致 POC 的向上供应量减少(鲍献文等,2010)。此外,有证据表明冬季沉积物再悬浮增强(庞重光等,2004),从而导致下半年 POC 浓度呈上升趋势。

7.2 颗粒无机碳(PIC)季节性空间分布规律

7.2.1 PIC 空间分布

如图 7.2 所示,2003~2016 年黄渤海 PIC 具有较大的空间变化。渤海和南黄海的 PIC 浓度高于北黄海,平均值分别为 1279 mg/m³、782 mg/m³、238 mg/m³(表 7.2)。总体而言,近岸水域的 PIC 浓度(>600 mg/m³)高于离岸水域,其中南黄海中心的 PIC 最低,特别是 7~10 月(<3 mg/m³),这与 POC 的空间分布规律相似。目前,针对黄渤海 PIC 的实地观测还很有限,仅在 2004~2009 年在黄河口有一定的数据。实地观测数据显示(张向上,2007;殷鹏,2010),PIC 浓度与盐度呈负相关,即河口附近淡水中 PIC 较高(>5000 mg/m³)且离岸咸水中的 PIC 较低(<1000 mg/m³)。经对比发现,我们的遥感数据与观测数据在黄河口处 PIC 浓度和变化程度相似。有限的实地观测数据还表明,PIC 浓度与悬浮物之间存在显著的线性关系(张向上,2007;殷鹏,2010)。显然,近岸水域 PIC 浓度同 POC 浓度一样也受到了陆地径流(各种物质输入)和沉积物再悬浮的影响,从而导致近岸 PIC 较高。除此之外,在陆地径流和沉积物再悬浮期间,有机碳可能会转化为无机碳(Yu et al.,2018);河流也可以将大量 PIC 运输到黄渤海,导致河口区域的 PIC 浓度显著增加(Wang et al.,2012)。

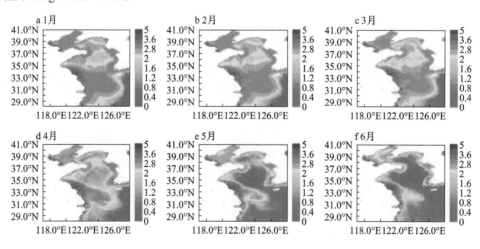

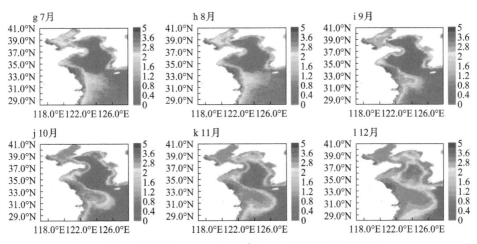

图 7.2　黄渤海 log PIC(mg/m^3) 在 12 个月份的空间分布

另外，从苏北沿岸到长江口附近有一个舌状 PIC 浓度高值区域，其中 1～2 月最高(＞600 mg/m^3)，6～8 月最低(＜100 mg/m^3)。有证据表明，大量的沉积物通过古黄河运输到黄海已有 700 多年的历史，这些沉积物在苏北沿岸积累，并且很容易在水流下再悬浮(秦蕴珊等，1986；卢勇等，2007)。早期的一项研究表明，苏北沿岸高悬浮体的水域以舌形向东南方向延伸(刘芳等，2006)，这与我们研究中 PIC 的空间分布相似。因此，从苏北沿岸到长江口以北，沉积物在水流下的再悬浮对 PIC 的空间分布有很大影响。

7.2.2　PIC 季节分布

总体来看，PIC 浓度在冬季最高，其次是春季、秋季和夏季(表 7.2)，其中渤海 PIC 冬季 1558 mg/m^3、春季 1318 mg/m^3、秋季 1278 mg/m^3、夏季 960 mg/m^3。如图 7.2 所示，黄渤海 PIC 浓度在 1～2 月最高，6～7 月最低；空间变异性在 1～2 月最小。但是渤海 PIC 的空间变异性在 7 月最大，黄海 PIC 的空间变异性则在 10 月最大。根据我们对 POC 的研究，PIC 季节分布上与 POC 有相似之处，如冬季 PIC 和 POC 浓度都相对较高。冬季沉积物再悬浮现象最为明显，导致海水垂直混合均匀，表层 PIC 和 POC 浓度都高。另外，由于黄海冷水团的存在，在北黄海和南黄海中部海域存在明显的分层现象，可能也是 PIC 浓度低的原因。此外，PIC 和 POC 也有不同之处。POC 浓度在春季最高，而 PIC 浓度则是冬季最高。显然，初级生产力在春季高于冬季。有证据表明，由于水化学性质的变化，光合作用(即 CO_2 吸收和 POC 产生)可能导致碳酸盐沉淀(Yu et al.，2015；Zhang et al.，2009)，因此沉积物再悬浮过程对 PIC 季节变化的作用很大。

7.3 颗粒无机碳与颗粒有机碳的比值

我们研究发现 PIC/POC 在不同海域数值范围不同。例如，在渤海 PIC/POC 为 2.31~4.17（表 7.2）。南黄海（2.14~2.85）的 PIC/POC 高于北黄海（0.35~1.04），这表明南黄海的 PIC 约为 POC 的 2 倍，但北黄海的 PIC 低于 POC（冬季除外）。我们同时还探究了黄渤海 PIC/POC 的空间变异性（图 7.3）。总体而言，黄河口和苏北近岸古黄河口海域的 PIC/POC（>20）显着高于离岸海域（<3）。尤其在 7~10 月，离岸海域比值最低（<0.2），比值的空间变异性最高。目前对 PIC 和 POC 的实测数据表明，在黄河口附近 PIC/POC 有较大的空间变异性，即邻近河口（淡水端）的比值较高（约 6），海水端比值较低（约 0.82）（殷鹏，2010）。此外，已有研究表明渤海和北黄海的沉积物中 TIC/TOC 具有较大的空间变异性，尤其在黄河口发

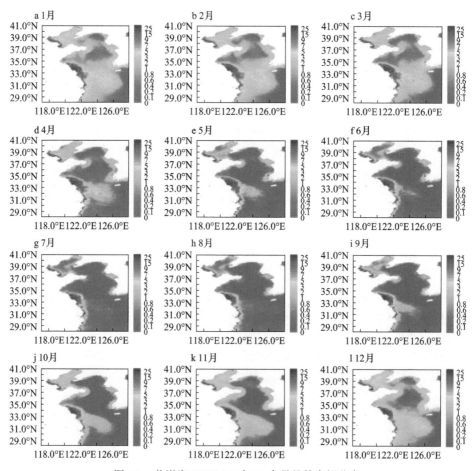

图 7.3　黄渤海 PIC/POC 在 12 个月份的空间分布

现了最高值(Xing et al., 2016)。Yu 等(2018)的研究也指出黄河口沉积物中无机碳含量要高得多，其 TIC/TOC 为 4.7～7.5。同时，该研究也指出在黄河口沉积物中无机碳与有机碳成正比关系，即高 TIC 可能与高 TOC 有关，但是表面沉积物中存在 TIC-TOC 关系的截距(7.17)，表明存在其他与生物过程无关的 TIC 形成过程。Yu 等(2018)进一步分析发现，黄河口沉积物中 ^{13}C 含量($\delta^{13}C_{carb}$)与 TIC 存在显著的负相关关系，意味着高 TIC 可能是由 OC 分解造成的；另外，古黄河口附近海域的 PIC/POC 也是显著高于其他海域。一项早期的研究表明，1128～1855 年黄河从苏北入海，在古黄河口沉积了大量的沉积物(Liu et al., 2013)。而明清时期水患频繁，苏北不少土壤次生盐碱化非常严重，地力下降(卢勇等，2007)，可能导致古黄河口附近沉积物中无机碳含量显著高于有机碳。

7.4　颗粒碳年际变化规律

为了探究黄渤海 PIC 和 POC 在 2003～2016 年的年际变化机制，我们首先分析了叶绿素和营养物质的年际变化规律(图 7.4)。如图 7.4a 所示，2012 年以前叶绿素总体上呈增加的趋势，表明在此期间生物活性增强。有证据表明，2002～2011

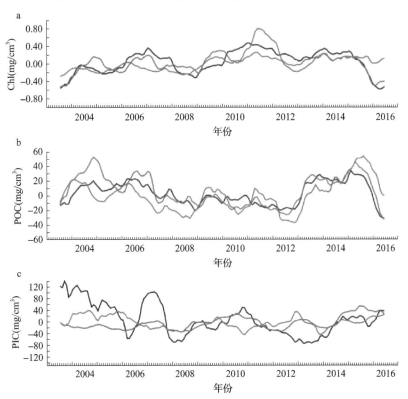

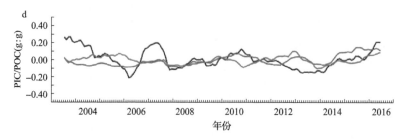

图 7.4　叶绿素(a)、POC(b)、PIC(c)、PIC/POC(d)在渤海(黑线)、
北黄海(红线)和南黄海(蓝线)的年际变化

年流入黄渤海的营养物质呈增加的趋势(Gao et al.，2015；张洁帆等，2007；邢红艳等，2013)，但 2003~2009 年由河流携带进入黄渤海的 POC 浓度呈下降趋势(朱先进等，2012)。2012 年以前的 POC 浓度总体呈下降的趋势(图 7.4b)，这意味着21 世纪初相对较高的 POC 浓度可能主要归因于更多的外部来源(如河流输入)。

　　2012~2015 年，黄渤海表层 POC 浓度有明显的增加趋势，但叶绿素几乎没有变化，这意味着非生物过程导致黄渤海 POC 浓度增加，其中可能包括河流输入、沉积物再悬浮、与东海水交换等(刘军等，2015)。根据中国河流泥沙公报(http://www.mwr.gov.cn/sj/tjgb/zghlnsgb/)的数据，2013 年以后，黄河携带的泥沙量显著下降，这意味着河流输入可能不会导致黄渤海 POC 浓度升高。此外，Yin 等(2016)的研究表明悬浮泥沙的年际变化受到从东海流向黄海的黄海暖流的影响(Jacobs et al.，2000)。研究表明，黄海暖流在 2012/2013 的冬季最强(Wang et al.，2013)，但是由于东亚季风在 2014/2015 年冬季较弱(李昂，2016；Wang et al.，2015)，因此黄海暖流较弱，意味着 2013 年与东海的水交换较弱。因为黄海的 POC 浓度比东海 POC 浓度高(刘军等，2015)，黄渤海与东海之间的水交换将导致黄海的POC 浓度降低(稀释效应)；而较弱的黄海暖流对黄渤海 POC 的稀释效应较小，这可能是 POC 浓度增加的部分原因。

　　PIC 年际变化与 POC 相比有很大区别。PIC 在黄海没有明显的年际变化，而在渤海则有明显的波动。总体来讲，PIC 在渤海有下降的趋势，尤其是 2003~2006年。李松等(2015)的研究表明，黄河入海泥沙通量在 2003 年达到相对高值之后呈逐年减少的趋势，这对渤海表层悬浮物浓度的分布造成了重大影响。近期一项运用卫星资料探究渤海表层悬浮物年际变化的研究显示，渤海表层悬浮物浓度从2003~2014 年有明显的下降趋势，这可能与渤海海区风速减弱和黄河调水调沙造成的入海泥沙粒径增大有关(李松等，2015)。

7.5　本章小结

　　2003~2016 年渤海(374~452 mg/m^3)的 POC 浓度高于黄海(216~477 mg/m^3)，

近岸的 POC 浓度高于近海。黄渤海春季表层 POC 浓度最高，渤海冬季最低，黄海夏季最低。POC 的空间和季节模式是由初级生产力、水交换、沉积物再悬浮和陆源输入的综合影响造成的。黄渤海表层 POC 在 2012 年之前呈现整体下降趋势，但随后呈现上升趋势，这与叶绿素几乎相反；黄海暖流与东海强的水交换可能导致 POC 浓度减小，相反则可能导致 POC 浓度增大。此外，陆地径流的减少也是 2012 年之前 POC 减少的部分原因。我们的研究表明，水交换和沉积物再悬浮是调节黄渤海中 POC 浓度空间和时间变化的主要因素。

　　PIC 相比 POC 具有更大的空间变异性。近岸水域（>600 mg/m^3）的 PIC 浓度高于近海水域，其中南黄海中心位置最低（<100 mg/m^3），尤其在 10 月（<3 mg/m^3）。另外，苏北沿岸附近海域在海流的作用下有一个舌形的 PIC 浓度高值区，全年 PIC 浓度都很高，但 POC 浓度并不高。同样，在黄河口附近海域 PIC/POC 也很高（$>$ 11）。由于黄河口和古黄河口附近有大量的沉积物，在沉积物再悬浮作用下，河口的 PIC 和 POC 浓度全年都较高。POC 也可以在海水中经化学过程转换成 PIC，因而 PIC 浓度较高。此外，黄渤海 PIC 在冬季最高，其次是春季、秋季和夏季。我们研究发现，PIC 季节变化主要归因于沉积物再悬浮、水交换和初级生产力的变化。在年际变化方面，渤海 PIC 浓度有下降的趋势，主要源于渤海表层悬浮物浓度下降。

参 考 文 献

鲍献文, 李真, 王勇智, 等. 2010. 冬、夏季北黄海悬浮物分布特征. 泥沙研究, (2): 48-56.

程君, 石晓勇, 张传松, 等. 2011. 春季黄东海颗粒有机碳的时空分布特征. 环境科学, 32(9): 25-29.

高爽, 李正炎. 北黄海夏、冬季叶绿素和初级生产力的空间分布和季节变化特征[J]. 中国海洋大学学报(自然科学版), 2009, 39(4): 604-610.

李昂, 2016. 黄海冷水团年际变化研究. 中国科学院研究生院(海洋研究所)博士学位论文.

李松, 王厚杰, 张勇, 等. 2015. 黄河在调水调沙影响下的入海泥沙通量和粒度的变化趋势. 海洋地质前沿, 31(7): 20-27.

刘芳, 黄海军, 邰昂. 2006. 春、秋季黄东海海域悬浮体平面分布特征及海流对其分布的影响. 海洋科学, 30(1): 68-72.

刘军, 于志刚, 臧家业, 等. 2015. 黄渤海有机碳的分布特征及收支评估研究. 地球科学进展, 30(5): 564-578.

卢勇, 王思明, 郭华. 2007. 明清时期黄淮造陆与苏北灾害关系研究. 南京农业大学学报(社会科学版), 7(2): 78-81.

吕瑞华, 夏滨, 李宝华, 等. 1999. 渤海水域初级生产力 10 年间的变化. 海洋科学进展, (3): 80-86.

庞重光, 白学志, 胡敦欣. 2004. 渤、黄、东海海流和潮汐共同作用下的悬浮物输运、沉积及其季节变化. 海洋科学集刊, (46): 36-45.

庞重光, 李坤, 于炜. 2014. 渤海表层悬沙的时空分布特征及其动力成因. 海洋科学进展, 32(4): 450-458.

秦蕴珊, 李凡, 郑铁民, 等. 1986. 南黄海冬季海水中悬浮体的研究. 海洋科学, 10(6): 1-7.

商荣宁. 2011. 2010 年黄、渤海有机碳的分布特征及影响因素. 中国海洋大学硕士学位论文.

孙作庆, 杨鹤鸣. 1992. 胶州湾海水中颗粒有机碳含量的分布与变化. 海洋科学, 16(2): 52-55.

檀赛春, 石广玉. 2006. 中国近海初级生产力的遥感研究及其时空演化. 地理学报, 61(11): 1189-1199.

王东阡, 崔童, 司东, 等. 2015. 2014/2015 年东亚冬季风活动特征及其可能成因分析. 气象, 41(7): 907-914.

王东阡, 周兵, 孙丞虎, 等. 2013. 2012/2013 年东亚冬季风活动特征及其可能成因分析. 气象, 39(7): 930-937.

王晓亮. 2005. 黄河口无机碳输运行为研究. 中国海洋大学硕士学位论文.

邢红艳, 孙珊, 马元庆, 等. 2013. 四十里湾海域营养盐年际变化及影响因素研究. 海洋通报, 32(1): 53-57.

殷鹏. 2010. 黄河口及附近海域碳参数与营养盐调查研究. 中国海洋大学硕士学位论文.

张海波, 杨鲁宁, 王丽莎, . 2016. 2013 年夏季黄、渤海颗粒有机碳分布及来源分析. 海洋学报, 38(8): 24-35.

张洁帆, 陶建华, 李清雪, 等. 2007. 渤海湾氮磷营养盐年际变化规律研究. 安徽农业科学, 35(7): 2063-2064.

张龙军, 王婧婧, 张云, 等. 2008. 冬季北黄海表层海水 $p\mathrm{CO_2}$ 分布及其影响因素探讨. 中国海洋大学学报(自然科学版), 38(6): 955-960.

张向上. 2007. 黄河口碳输运过程及其对莱州湾的影响. 中国海洋大学博士学位论文.

张志欣. 2014. 中国近海沿岸流及毗邻流系的观测与分析研究. 中国海洋大学博士学位论文.

朱明远, 毛兴华, 吕瑞华, 等. 1993. 黄海海区的叶绿素 a 和初级生产力. 黄渤海海洋, 11(3): 38-51.

朱先进, 于贵瑞, 高艳妮, 等. 2012. 中国河流入海颗粒态碳通量及其变化特征. 地理科学进展, 31(1): 118-122.

Bianchi T S, Wysocki L A, Stewart M, et al. 2007. Temporal variability in terrestrially-derived sources of particulate organic carbon in the lower Mississippi River and its upper tributaries. Geochimica et Cosmochimica Acta, 71(18): 4425-4437.

Borges A V, Delille B, Frankignoulle M. 2005. Budgeting sinks and sources of CO_2 in the coastal ocean: diversity of ecosystems counts. Geophysical Research Letters, 32(14): 301-320.

Cai W J, Dai M, Wang Y. 2006. Air-sea exchange of carbon dioxide in ocean margins: a province-based synthesis. Geophysical Research Letters, 33(12): 347-366.

Gao Y, He N P, Yu G R, et al. 2015. Impact of external nitrogen and phosphorus input between 2006 and 2010 on carbon cycle in China seas. Regional Environmental Change, 15(4): 631-641.

Gattuso J P, Frankignoulle M, Wollast R. 1998. Carbon and carbonate metabolism in coastal aquatic ecosystems. Annual Review of Ecology & Systematics, 29(1): 405-434.

Gu D J, Zhang L J, Jiang L Q. 2009. The effects of estuarine processes on the fluxes of inorganic and organic carbon in the Yellow River estuary. Journal of Ocean University of China, 8(4): 352-358.

Hung C C, Tseng C W, Gong G C, et al. 2013. Behavior and fluxes of particulate organic carbon in the East China Sea. Biogeosciences Discussions, 10(3): 4271-4302.

Jacobs G A, Hur H B, Riedlinger S K. 2000. Yellow and East China Seas response to winds and current. Journal of Geophysical Research Atmospheres, 105(C9): 21947-21968.

Liu J, Kong X, Saito Y, et al. 2013. Subaqueous deltaic formation of the Old Yellow River (AD 1128-1855) on the western South Yellow Sea. Marine Geology, 344: 19-33.

Reigstad M, Riser C W, Wassmann P, et al. 2008. Vertical export of particulate organic carbon: attenuation, composition and loss rates in the northern Barents Sea. Deep-Sea Research Part Ⅱ, 55(20): 2308-2319.

Thomas H, Bozec Y, Elkalay K, et al. 2004. Enhanced open ocean storage of CO_2 from shelf sea pumping. Science, 304(5673): 1005-1008.

Trefry J H, Metz S, Nelsen T A, et al. 1994. Transport of particulate organic carbon by the Mississippi River and its fate in the Gulf of Mexico. Estuaries, 17(4): 839-849.

Wang X C, Luo C L, Ge T T, et al. 2016. Controls on the sources and cycling of dissolved inorganic carbon in the Changjiang and Huanghe River estuaries, China: ^{14}C and ^{13}C studies. Limnology & Oceanography, 61(4): 1358-1374.

Wang X C, Ma H Q, Li R H, et al. 2012. Seasonal fluxes and source variation of organic carbon transported by two major Chinese rivers: The Yellow River and Changjiang (Yangtze) River. Global biogeochemical cycles, 26(2): 2025.

Xing L, Hou D, Wang X C, et al. 2016. Assessment of the sources of sedimentary organic matter in the Bohai Sea and the northern Yellow Sea using biomarker proxies. Estuarine, Coastal and Shelf Science, 176: 67-75.

Yin Q J, Gao S, Gao M Z, et al. 2016. Inter-annual variation of suspended sediment concentration in the surface waters of the Yellow Sea and East China Sea. Marine Science Bulletin, 35(5): 494-506.

Yu Z T, Wang X J, Han G X, et al. 2018. Organic and inorganic carbon and their stable isotopes in surface sediments of the Yellow River Estuary. Scientific Reports, 8(1): 10825.

Yu Z T, Wang X J, Zhao C Y, et al. 2015. Carbon burial in Bosten Lake over the past century: impacts of climate change and human activity. Chemical Geology, 419: 132-141.

Zhang C J, Mischke S, Zheng M P, et al. 2009. Carbon and oxygen isotopic composition of surface-sediment carbonate in Bosten Lake (Xinjiang, China) and its controlling factors. Acta Geologica Sinica (English Edition), 83 (2): 386-395.

Zhang S W, Wang Q Y, Lü Y, et al. 2008. Observation of the seasonal evolution of the Yellow Sea Cold Water Mass in 1996-1998. Continental Shelf Research, 28 (3): 442-457.

第 8 章

黄渤海沉积有机碳
的源汇格局[*]

＊ 姚鹏，中国海洋大学海洋化学理论与工程技术教育部重点实验室/海洋高等研究院，青岛海洋科学与技术试点
国家实验室海洋生态与环境科学功能实验室
赵彬，中国海洋大学海洋化学理论与工程技术教育部重点实验室/海洋高等研究院

大河影响下的陆架边缘海位于陆地和海洋的交界处，具有非常活跃的陆海相互作用，大量陆源物质的输入维持了陆架边缘海较高的沉积速率和初级生产水平，使其成为不同来源有机碳的主要沉积汇，是全球碳生物地球化学循环的重要区域（Bianchi and Allison，2009；McKee et al.，2004）。研究表明，陆架边缘海会接收大量来自河流和初级生产的有机碳，占大洋中总有机碳埋藏量的90%以上，仅有很少一部分能够进入深海（Meade，1996）。而且，进入到陆架边缘海的大部分有机碳在沉降的过程中发生了降解，沉积下来的部分在多种生物地球化学因素的影响下没有得到有效的保存（Berner，1982；Bianchi and Allison，2009；Hedges and Keil，1995）。受河流流量的季节性变化、不同尺度的物理过程、生物扰动和人类活动等因素的影响，陆架边缘海具有活跃的沉积动力环境（Bianchi and Allison，2009；Blair and Aller，2012；McKee et al.，2004），因此这一区域有机碳的源汇格局存在很大的不确定性。

黄渤海是典型的陆架边缘海，主要受到黄河等多条河流输入的影响，每年会接收大量的陆源有机碳（Tao et al.，2016；Wang et al.，2012）。在水动力作用的影响下，渤海中部、北黄海西部和南黄海中部形成了大片的泥质沉积区，同时这些泥质区也成为陆源有机碳埋藏的重要场所（Hu et al.，2013，2015；Tao et al.，2016；胡邦琦等，2011；李军等，2012）。近年来，随着大型水库和大坝工程、水土保持工程和调水调沙工程的实施，黄河输沙量大幅降低，从而减少了陆源有机碳向海洋的输送（Bi et al.，2014；Wang et al.，2011，2017）。目前，已针对黄渤海沉积有机碳的地球化学循环开展了大量的研究工作（Bao et al.，2016；Hu et al.，2011，2015，2016；Xing et al.，2014；Tao et al.，2016；高立蒙等，2016；张婷等，2014），但是大多数都集中在对有机碳的来源、分布和埋藏的研究，对沉积有机碳保存状况及降解特征的研究则比较少。因此，在人类活动对黄渤海影响日益增强的背景下，系统地研究该区域沉积有机碳的源汇格局有助于更好地理解陆架边缘海在全球碳循环中的作用。

8.1　黄渤海研究区域概况

黄渤海是半封闭式陆架浅海，也是典型的陆架边缘海，每年会接收来自黄河、滦河和辽河等多条河流的颗粒物、有机碳和营养盐等陆源物质，形成了多个泥质沉积区，其中黄河的输沙量和径流量最大（Hu et al.，2013；Shi et al.，2003）。黄河全长约5464 km，是我国第二大河，年输沙量曾高达1080×10^9 kg，有研究表明黄河输送入海的沉积物占全球河流输送入海沉积物总量的 6%（Milliman and Syvitski，1992；Wang et al.，2011）。黄河的径流量主要受夏季季风控制，流域内60%的降水发生在洪水季（Yang et al.，2004）。黄河输沙量主要受黄土高原人类活动的影响(如森林砍伐、耕种和造林等),有研究表明过去 4000 年里黄河输沙量的变化与黄土高原上的土地利用类型的变化具有较好的耦合关系(Milliman et al.,1987;Saito et al.,2001;Wang et al.,2007)。近年来,由于受到气候变化和人类活动的影响,如大型水库和大坝工程、水土保持工程和调水调沙工程的实施,黄河输沙量骤减(约减少 90%),因此对河流入海的颗粒有机碳产生了重要影响(Bi et al.,2014;Wang et al.,2007;张婷婷等,2015)。黄河来源的颗粒物会先沉积在黄河现代三角洲,之后一部分细颗粒沉积物会经历长时间的再悬浮和输运过程由渤海进入黄海(Bi et al.,2011;Hu et al.,2016)。

渤海是典型的半封闭式内海,其平均水深约为 18 m,沿岸有多条河流注入,例如黄河、滦河、辽河和海河,其中陆源物质主要来自黄河(Martin et al.,1993)。渤海环流主要受潮汐的影响,并且黄海海水入侵和黄河冲淡水的输入对渤海温盐环流和沉积环境有重要影响(Guan,1994)。冬季时,黄海暖流(Yellow Sea Warm Current,YSWC)侵入并跨越渤海海峡,沿着渤海中部向西移动后分成两个分支,其中一个分支向北移动形成顺时针环流,另一个分支沿海岸向南移动形成一个逆时针环流(图 8.1)。夏季,YSWC 逐渐减弱并消失,使渤海在夏季产生的涡流比冬天更加强劲。逆时针的环流在夏季消失,取而代之的是莱州湾的涡流,并出现沿渤海南岸和西岸前进的沿岸流(Hainbucher et al.,2004)。

黄海北接渤海,南接东海,平均水深约为 44 m。山东半岛将黄海分割为南黄海和北黄海,北黄海水深一般小于 60 m,向南水深逐渐加深。在冬季,YSWC 向北流动,而黄海沿岸流(Yellow Sea Coastal Current,YSCC)向南流动,因此形成了逆时针的环流;在夏季,YSWC 流向东部的济州岛,再转向北方流动(图 8.1)。YSWC 是对马暖流的一个分支,呈现出较强的季节变化。在东亚季风的影响下,它携带大量高温高盐的海水进入黄海,对黄海水体的初级生产水平和水文特征具有重要的影响,也是黄海底层冷水团形成的重要因素(Hu,1984;Shi et al.,2003;Zhang et al.,2008)。南黄海和北黄海中部存在大范围的泥质沉积区,但是对于其形成机制,目前还存在争议。目前主流的观点有两种,分别是潮汐流作用和涡旋沉积作用(Hu,1984),后者被接受的程度更广。黄海中部存在上升流控制的逆时针气旋冷涡,在涡旋作用下,颗粒物被输运、聚集并发生沉积,形成南黄海中部泥质区(Hu,1984;Shi et al.,2002;Cheng et al.,2004)。近年来的研究表明,南黄海中部泥质区沉积物的主要来源是现代黄河和老黄河口三角洲(Hu et al.,2013;Zhou et al.,2015)。目前,许多研究利用有机碳含量、碳同位素、矿物组成、生物标志物等追溯了黄渤海沉积有机碳的来源,发现现代黄河、老黄河口、长江和朝鲜半岛等是陆地有机碳的主要来源(高立蒙等,2016;赵美训等,2011;Cai,1994;Hu et al.,2013;Tao et al.,2016)。

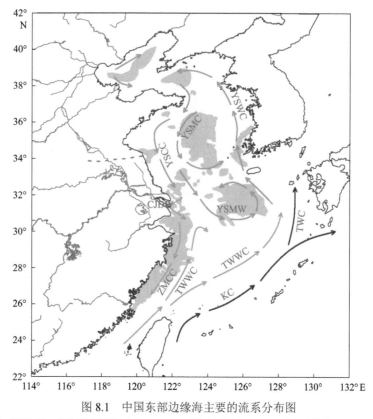

图 8.1　中国东部边缘海主要的流系分布图

流系引自 Liu 等(2007)，箭头表示流系的方向。CJDW，长江冲淡水；YSCC，黄海沿岸流；YSWC，黄海暖流；
ZMCC，浙闽沿岸流；KC，黑潮；TWC，对马暖流；YSMW，黄海混合水；TWWC，台湾暖流

8.2　黄渤海沉积有机碳的来源与分布

8.2.1　黄渤海沉积物中总有机碳的来源与分布

　　黄渤海夏季表层沉积物中总有机碳(total organic carbon，TOC)含量的变化范围为 0.19%~1.36%，平均值为 0.53%，其高值区分布在渤海中部、北黄海西部及南黄海中部泥质区(图 8.2)。总体上，黄渤海表层沉积物的中值粒径越小，TOC含量越高(图 8.3)。TOC 与沉积物中黏土和粉砂的含量呈显著的正相关关系($P<$ 0.01)，而与砂组分呈显著的负相关关系，这表明粒径是控制沉积有机碳含量和分布的重要因素，并且有机碳主要富集在细颗粒物上(图 8.3)。实际上，有机物-矿物之间的相互作用被认为在海洋环境有机碳的保存过程中发挥了重要作用(Berner，1970；Kaiser and Guggenberger，2010；Pronk et al.，2011；Torn et al.，1997)。大

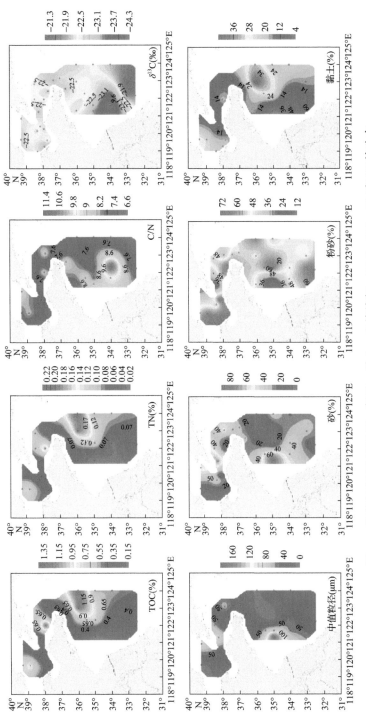

图8.2 黄渤海表层沉积物砂、黏土、粉砂、中值粒径、TOC、TN、C/N和δ¹³C的分布

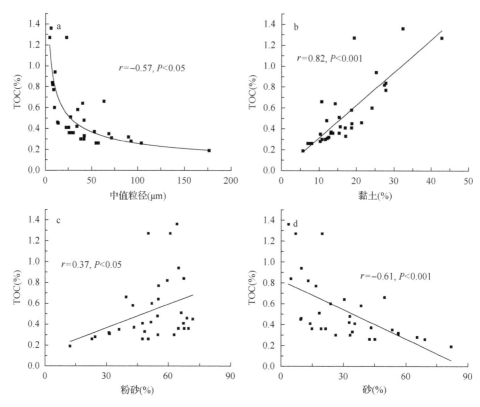

图 8.3　黄渤海表层沉积物 TOC 随中值粒径(a)、黏土(b)、粉砂(c)和砂(d)的变化

量的研究表明，有机碳在海洋沉积物中的保存主要是通过矿物表面对有机碳的吸附，通常表面积大、颗粒较细的沉积物中有机碳的含量更高(Berner，1970；Hedges and Keil，1995；Keil et al.，1994；Mayer，1994)。另外，水动力分选对不同粒级颗粒物上有机碳的输运和沉积也具有重要作用(Bao et al.，2018；Wang et al.，2015；潘慧慧等，2015；王金鹏等，2015)。在水动力分选作用下，南黄海中部和北黄海中部气旋型涡旋的存在及复杂的水动力条件，导致大量富含有机碳的细颗粒物在此沉积并形成泥质区(Hu，1984)。同样地，渤海中部由于较弱的水动力条件，细颗粒物也容易在此沉积而形成泥质区(高立蒙等，2016)。值得注意的是，黄河口虽然有大量陆源物质输入且沉积物粒径也较小，但 TOC 含量却较低，这可能是由于黄河输送入海的颗粒物主要来自黄土高原，虽然这些土壤颗粒粒径较小，但有机碳含量却很低(图 8.2)(Cai，1994；Ren and Shi，1986；邱璐等，2017)。

不同来源的有机碳通常具有不同的化学特征，其化学组成和同位素特征具有明显的差异，因此可以用来对其来源进行区分。例如，碳氮比(C/N)和有机碳的稳定同位素(δ^{13}C)是常用的判断有机质来源的指标(Hedges and Keil，1995；Meyers，1997)。一般来说，陆地高等植物的 C/N＞15，海洋浮游植物的 C/N 为 5～

8(Meyers，1997)，而陆地 C3 植物 OC 的 $\delta^{13}C$ 为–28‰～–25‰，海洋初级生产 OC 的 $\delta^{13}C$ 为–22‰～–19‰(Hedges et al.，1997)。黄渤海表层沉积物中 C/N 变化范围为 6.8～11.4，平均值为 7.9，其中南黄海西侧 C/N 较高(图 8.2)。研究区域表层沉积物夏季 $\delta^{13}C$ 变化范围为–24.2‰～–21.3‰，平均为–22.5‰。$\delta^{13}C$ 值在渤海中部、北黄海西部及南黄海中部泥质区较高，而在南黄海西侧的砂质区较低(图 8.2)。黄渤海表层沉积物样品的 C/N 和 $\delta^{13}C$ 范围较宽，这表明沉积物有机碳为陆地和海洋的混合来源。苏北老黄河口具有较高的 C/N 和较低的 $\delta^{13}C$ 值，这表明该区域具有较高的陆源有机碳贡献(图 8.2)，而渤海中部、北黄海西部及南黄海中部泥质区具有较低的 C/N 和较高的 $\delta^{13}C$ 值，表明这些区域的沉积有机碳主要来源于海洋。总体来说，研究区域内 $\delta^{13}C$ 随 C/N 比值的升高而呈现略微下降的趋势，即随着陆源有机碳贡献的增加，海源贡献逐渐降低(图 8.2)。

8.2.2　黄渤海沉积物中水质素及其相关参数的组成和分布

由于全样参数及其稳定同位素易受到人类活动、有机碳的降解和无机氮的吸附等多种因素的影响，因此只能够大致区分不同来源的贡献，对来源指示的准确度较低(Benner et al.，1987；Hu et al.，2009；吴莹等，2002)，而生物标志物通常具有来源的特异性，如木质素、正构烷烃和四醚膜酯等，它们在经历早期成岩和降解过程后仍能够保留原始的来源信息，所以可以更加准确地反映物质来源(Bianchi and Canuel，2011)。木质素来源单一、抗降解能力强，因此是一个非常有用的陆源有机碳示踪剂(Bianchi and Canuel，2011；Bianchi et al.，2017；Jex et al.，2014)。木质素的测定通常采用碱性氧化铜法，该方法能够对 12 种木质酚单体进行定量，其中包括 3 种香草基酚(V 系列)、3 种紫丁香基酚(S 系列)、2 种肉桂基酚(C 系列)、3 种对羟基芳烃(P 系列)和 3,5-二羟基苯甲酸(3,5-Bd)，并用 Σ_8 表示 S、V 和 C 系列 8 种木质酚单体的绝对含量之和，而 Λ_8 则表示其相对于 100 mg OC 的含量之和(Goñi and Hedges，1995；Hedges and Ertel.，1982)。黄渤海表层沉积物样品中 8 种木质酚类绝对含量(Σ_8)与相对含量(Λ_8)的分布较一致，整体上均呈现出由近岸向远岸降低的趋势(图 8.4)，这表明陆源有机碳贡献由河口向外海逐渐降低，海源有机碳贡献则逐渐增加，这与 C/N 和 $\delta^{13}C$ 所指示的有机碳来源的分布结果一致(图 8.2)。黄河口与苏北老黄河口附近海域具有较高的 Λ_8 值，体现了较强的陆源输入。而山东半岛成山角东部较高的木质素含量可能是由于黄海沿岸流携带颗粒物至成山角与北上的水体交汇，因此来自黄河的颗粒物在此处沉积。值得注意的是，苏北老黄河口的 Λ_8 值[0.84～3.14 mg/100 mg(以 OC 计)]要显著高于黄河口的 Λ_8 值[0.41～0.75 mg/100mg(以 OC 计)]，这表明老黄河口沉积物中具有更多的陆源维管植物来源的有机碳。前人的研究表明，黄河改道前有大量陆源维管植物来源的有机碳在苏北老黄河口发生沉积，并且其在沿岸侵蚀的作用下成为南黄海陆源有机碳的重要来源（Xing et al.，2014）。在全球范围的边缘海沉积物中，Λ_8 随 $\delta^{13}C$ 的降低逐渐升高，这表明河口及近岸沉积了较多富含木质素的 $\delta^{13}C$ 值较为亏损的陆源有机碳，随着离岸距离增加，沉积物中陆源木质素的含量减少，而海源有机碳的含量增加（图 8.5）。陆架边缘海根据地形特征可以分为主动陆架和被动陆架，因为被动陆架相对于主动陆架更为宽广，所以有机碳在输运的过程中会不断地发生再悬浮和再沉积，并且在沉积物输运过程中存在大量海洋来源有机碳的输入（Blair and Aller，2012）。黄渤海为典型的被动陆架，具有较低的木质素含量和相对富集的 $\delta^{13}C$，而主动陆架如华盛顿陆架和新西兰神奇湾的沉积物中则具有更高的木质素含量和相对亏损的 $\delta^{13}C$（图 8.5）（Prahl et al.，1994；Smith et al.，2010）。

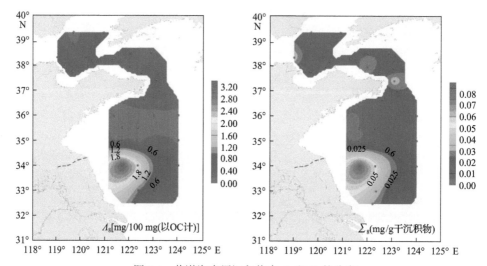

图 8.4　黄渤海表层沉积物中 Λ_8 和 Σ_8 的分布

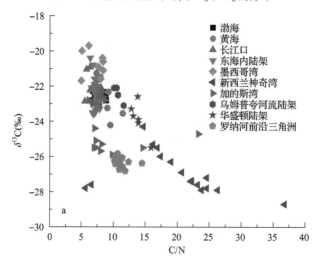

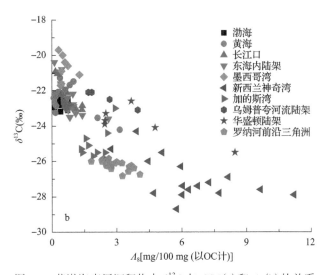

图 8.5　黄渤海表层沉积物中 $\delta^{13}C$ 与 C/N（a）和 $\varLambda_8$（b）的关系

图中其他河口和边缘海的数据来自文献(Goñi et al.，1998，2000；Hastings et al.，2012；Li et al.，2014；
Prahl et al.，1994；Sánchez-Garcia et al.，2009；Smith et al.，2010；Tesi et al.，2007；赵彬等，2015)

　　木质素不同酚单体的比例也可以指示不同种类陆地有机碳的来源（表 8.1）
（Jex et al.，2014；李栋，2015）。例如，由于 V 系列单体存在于所有维管植物的木
质素中，S 系列单体主要存在于被子植物的木质素中，C 系列单体存在于木本植物
的叶或草本植物的木质素中（Hedges and Mann，1979），因此 S/V 和 C/V 可以用来
判断木质素是来源于被子植物还是裸子植物或木本植物和草本植物（Hedges and
Parker，1976）。但不同木质素酚类单体的降解差异可能会降低这两种参数的准确性，
所以近年来木质素酚类单体植被指数（lignin phenol vegetation index，LPVI）广泛地
应用于判断植被来源，它可以示踪植被和环境较小的变化，一般来说木本被子植物
的 LPVI 为 67~415，非木本被子植物为 176~2782（Tareq et al.，2004）。在 P 系列
酚单体中，对羟基苯乙酮（PON）只有木质素一个来源，但对羟基苯甲醛和对羟基苯
甲酸还可以由蛋白质的氧化产物产生，所以 PON/P 可以用来指示陆地维管植物（Jex
et al.，2014）。黄渤海表层沉积物样品的 C/V 和 S/V 比值范围分别为 0.07~0.36 和
0.54~1.45，平均值分别为 0.23 和 1.00，这表明该区域大部分站位的木质素为被子
植物草本组织和木本组织的混合来源（图 8.6）。在全球范围内，S/V 和 C/V 比值存
在一定程度的差异性，纬度较低的墨西哥湾等区域 C/V 和 S/V 的范围较大（Goñi et
al.，1998），而中高纬度地区 C/V 和 S/V 的范围较窄，这可能是不同纬度地区气候
环境因素、陆地土壤和植被类型不同造成的（图 8.6）（Goñi et al.，2000）。从 LPVI
的结果来看，黄渤海表层沉积物的 LPVI 值范围为 37~385，表明此区域内木质素
主要为被子植物来源。黄渤海绝大多数区域沉积物中 LPVI 值都在 67 以上，这与
C/V 和 S/V 的结果一致（图 8.7）。黄渤海表层沉积物的 PON/P 值变化范围为 0.04~

0.12，平均值为 0.08。PON/P 的高值区出现在黄河口、山东半岛成山角东部及苏北老黄河口，表明这些区域沉积物木质素中维管植物的贡献较大(图 8.7)。

表 8.1　木质素来源参数和降解参数的范围及指示意义

木质素参数	数值范围及指示意义	参考文献
S/V	裸子植物：较低，约为 0 被子植物木本组织：0.9~5.2 被子植物非木本组织：0.4~2.9	Hedges and Mann，1979； Goñi et al.，1998
C/V	裸子植物的非木本组织：0.2~0.6 被子植物的非木本组织：0.35~1.2 陆地高等维管植物木本组织：较低，约为 0	Hedges and Mann，1979； Goñi et al.，1998
LPVI	裸子植物木本组织：1±0 裸子植物非木本组织：3~27(平均值：15±8) 被子植物木本组织：67~415(平均值：175±101) 被子植物非木本组织：176~2782(平均值：989±762)	Tareq et al.，2004，2011
$(Ad/Al)_V$	新鲜植物组织<0.3；沉积物中植物碎屑，腐殖土中木质素> 0.3；高度降解的木质素>0.6；土壤浸出液中木质素降解程度>0.6(最高可达 1.21)	Hernes et al.，2007
$(Ad/Al)_S$	新鲜植物组织<0.14；高度降解的植物组织>0.16	Jex et al.，2014
3,5-Bd/V	陆地土壤成熟度越高(木炭或者其他形式黑炭的含量越高)或者土壤中丹宁酸和其他黄酮类化合物含量越高，表明土壤有机质降解程度越高，该比值越大	Otto et al.，2005；Otto and Simpson，2006；Dickens et al.，2007
P/(S+V)	指征棕腐菌对含有甲氧基的香草基和丁香基木质酚单体的脱甲基作用强度，其降解程度越高，该比值越大。但该比值可能受到浮游植物和细菌来源 P 系列酚单体的影响	Goñi and Hedges，1995；Dittmar and Lara，2001；Otto and Simpson，2006；Jex et al.，2014

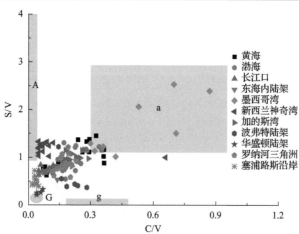

图 8.6　黄渤海表层沉积物中 C/V 与 S/V 的关系

A，被子植物木本组织；a，被子植物草或叶；G，裸子植物木本组织；g，裸子植物草或叶。图中其他河口和边缘海的数据来自参考文献(Bianchi et al.，1999；Goñi et al.，1998，2000；Hastings et al.，2012；Li et al.，2014；Prahl et al.，1994；Sánchez-García et al.，2009；Smith et al.，2010；Tesi et al.，2007；赵彬等，2015)

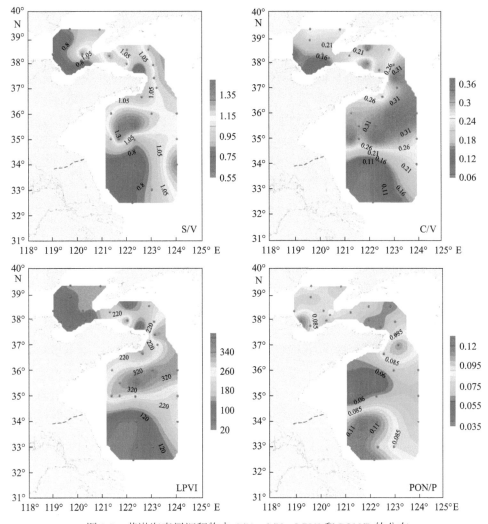

图 8.7　黄渤海表层沉积物中 C/V、S/V、LPVI 和 PON/P 的分布

　　为了估算黄渤海表层沉积物中土壤、陆地 C3 维管植物和海洋浮游植物来源有机碳的相对贡献,本研究建立了基于蒙特卡洛模拟(Monte Carlo simulation)的三端元混合模型:

$$\delta^{13}C_{mar} \times f_{mar} + \delta^{13}C_{soil} \times f_{soil} + \delta^{13}C_{vp} \times f_{vp} = \delta^{13}C_{Sample} \tag{8.1}$$

$$\Lambda_{8mar} \times f_{mar} + \Lambda_{8soil} \times f_{soil} + \Lambda_{8vp} \times f_{vp} = \Lambda_{8sample} \tag{8.2}$$

$$f_{mar} + f_{soil} + f_{vp} = 1 \tag{8.3}$$

式中, $\delta^{13}C_{mar}$、$\delta^{13}C_{soil}$ 及 $\delta^{13}C_{vp}$ 分别代表海洋浮游植物有机碳、陆地土壤有机碳

及陆地维管植物有机碳的 $\delta^{13}C$ 端元值；Λ_{8mar}、Λ_{8soil} 及 Λ_{8vp} 分别代表海洋浮游植物有机碳、陆地土壤有机碳和 C3 维管植物有机碳的 Λ_8 端元值；$\delta^{13}C_{sample}$ 和 $\Lambda_{8sample}$ 分别代表所测样品的 $\delta^{13}C$ 和 Λ_8；f_{mar}、f_{soil} 及 f_{vp} 分别代表海洋浮游植物有机碳、陆地土壤有机碳及 C3 维管植物占总有机碳的百分比 (%)。Guo 等 (2006) 的研究表明，中国北方植被类型以 C3 植物为主，C4 植物较少，因此本研究未考虑 C4 植物来源有机碳的贡献。在本研究中，海洋浮游植物有机碳的端元值为 $\delta^{13}C=(-20.0\pm1)‰$，$\Lambda_8=0$ mg/100 mg（以 OC 计）(Hedges et al.，1997)；陆地土壤有机碳的端元值为 $\delta^{13}C=(-24.9\pm0.94)‰$，$\Lambda_8=(2.37\pm2.00)$ mg/100 mg（以 OC 计）(邱璐，2017)；陆地 C3 维管植物有机碳的端元值为 $\delta^{13}C=(-26.7\pm4.18)‰$，$\Lambda_8=(6.00\pm5.22)$ mg/100 mg（以 OC 计）($\delta^{13}C$ 来自黄土高原 C3 维管植物）(Wang et al.，2003)；由于目前没有公开发表的黄河流域 C3 维管植物的 Λ_8 值，因此使用长江流域 C3 维管植物 Λ_8 值 (于灏等，2007)。

本研究采用蒙特卡洛模拟对模型进行求解。该方法假设端元值在给定的范围内变化且符合正态分布，在此区间内按照正态分布随机选取全部或部分端元值使用 Matlab (2016a) 软件进行计算，得到的结果也符合正态分布，在端元值范围内随机产生 1 亿个符合正态分布的数，再按正态分布随机选取 100 万个数进行计算 (Andersson，2011)。多次重复计算得到的海洋浮游植物有机碳、陆地土壤有机碳及陆地 C3 维管植物有机碳的贡献率平均值变化分别为 0.01%、0.02% 及 0.02%，说明了该模型计算结果在统计学上的稳定性 ($n=7$)。由于该方法较准确，已被应用于多种不同海洋环境中有机碳来源贡献率的估算，其中包括黄渤海沉积有机碳 (高立蒙等，2016) 和长江口及邻近的东海陆架有机碳 (Li et al.，2012，2014；Yao et al.，2015；Wang et al.，2015；潘慧慧等，2015；赵彬等，2015)。

三端元模型的求解结果显示，黄渤海表层沉积物中有机碳主要来源于海洋浮游植物，平均占总有机碳的 53.3%，而陆源有机碳的贡献较少。陆源有机碳中以土壤的贡献为主，平均占总有机碳的 29.7%，而 C3 维管植物的贡献较少，仅占总有机碳的 17.0%(图 8.8)。随离岸距离的增加，表层沉积物中海源有机碳贡献逐渐增大，陆源有机碳贡献逐渐减小 (图 8.8)，这与木质素在黄渤海的空间分布规律结果一致。尽管不同方法存在一定差异，但黄渤海有机碳的来源与前人在此区域的研究结果大致相同。例如，Tao 等 (2016) 利用 $\delta^{13}C$ 和 $\Delta^{14}C$ 区分渤海表层沉积物有机碳来源，发现渤海表层沉积物中生物源有机碳贡献占 50% 以上，并且生物源有机碳由河口到外海逐渐增加。Xing 等 (2014) 利用 $\delta^{13}C$、TMBR (陆海源生物标志物比例) 和 BIT (支链类异戊二烯四醚指标) 等多种参数对南黄海沉积物中陆源有机碳的比例进行了估算，结果表明，陆源有机碳占总有机碳的比例在老长江口最高，并且陆地植物有机碳的贡献要高于土壤有机碳。值得注意的是，前人的研究中三端元模型的建立通常使用固定的端元值，而这些生物标志物指标容易受植被类型、近岸土壤侵蚀和有机碳分解等多种因素的影响(Vonk et al.，2010)，从而影响模型拟合结果的准确性。而本研究中使用的蒙特卡洛模拟方法允许端元值在一定范围内变动，因此可以在一定程度上减小或消除固定端元值造成的误差(Andersson，2011)。黄渤海沉积物中有机碳的来源和分布与其他陆架边缘海相似，如长江口、东海陆架、密西西比河口和亚马孙河口等(均为被动陆架边缘)，尽管这些区域都有大量的陆源有机碳输入，但是在长时间的物质输运过程中，海源有机碳不断地输入，所以沉积有机碳都是以海源有机碳为主(Bianchi et al.，2002；Li et al.，2014；Yao et al.，2015)。而主动陆架边缘，如华盛顿陆架、新西兰惊奇湾、罗纳河三角洲，沉积有机碳则具有更明显的陆源特征(Prahl et al.，1994；

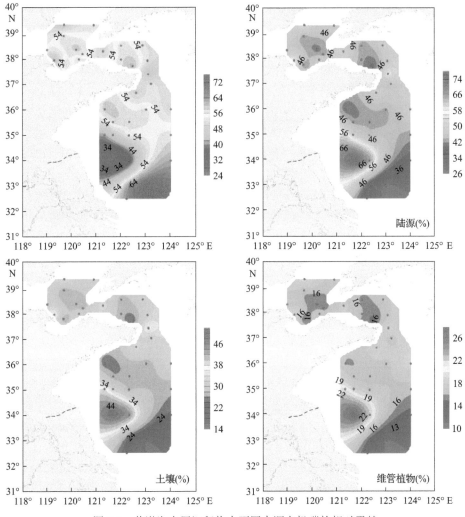

图 8.8　黄渤海表层沉积物中不同来源有机碳的相对贡献
(其中陆源有机碳为土壤和维管植物来源有机碳之和)

Smith et al., 2010; Tesi et al., 2007)。这种分布趋势的差异可能归因于不同的理化和生物过程,如大河河口较强的沉积动力条件所造成的微生物的丰富多样、有机碳的低保存及人类活动的影响等 (Aller et al., 2008; Hedges et al., 1997; Goñi et al., 2003)。

8.3　黄渤海沉积有机碳的保存

8.3.1　黄渤海沉积有机碳的保存特点与降解状态

陆架边缘海沉积物的粒度组成、有机碳来源及其沉积动力条件等多种因素影响有机碳的保存,不同来源、不同区域的沉积有机碳的降解状态不同(姚鹏等, 2013,2014)。木质素的特征参数可以用来指征陆源有机碳的降解状态(表 8.1)。例如,(Ad/Al)v 和 (Ad/Al)s 代表 V 系列单体和 S 系列单体的酸醛比,它们可以指征木质素受白腐菌的降解程度:新鲜植物组织的 (Ad/Al)v < 0.3,(Ad/Al)s < 0.14;高度降解的木质素的 (Ad/Al)v > 0.6,(Ad/Al)s > 0.16(Jex et al., 2014)。3,5-Bd/V 代表土壤中有机质的降解产物 3,5-Bd 与 V 系列单体的比值,可以用来指征土壤有机物的降解程度 (Houel et al., 2006; Louchouarn et al., 1999)。P/(S+V) 代表 P 系列单体与 S 和 V 系列单体之和的比值,能够指征木质素侧链的真菌(棕腐菌)降解程度 (Dittmar and Lara, 2001)。黄渤海表层沉积物的降解参数 (Ad/Al)$_v$、(Ad/Al)s、P/(S+V) 和 3,5-Bd/V 的平均值分别为 0.44、0.53、0.46 及 0.34,表明表层沉积物中陆源有机碳均存在一定程度的降解(图 8.9)。总体上,木质素的降解参数在河口及近岸较低,而在南黄海泥质区较高(图 8.9),表明陆源有机碳随沉积物的输运降解程度逐渐升高。河口及近岸受陆源输入影响,大量新鲜的陆源有机碳在此沉积,而在南黄海泥质区,由于有机碳经历了长时间的输运和水动力分选作用,陆源有机碳的降解程度较高 (Hu et al., 2016)。前人的研究表明,陆地难降解的有机碳如正构烷烃等易与细颗粒物相结合,在水动力作用下被优先输运到较远的泥质区,并且由于南黄海中部气旋式冷涡的汇集作用,这些细颗粒物会在此沉积(Hu, 1984; Hu et al., 2013; Shi et al., 2002)。另外,因为黄海中部泥质区的部分沉积物来自老黄河口的冲刷侵蚀,所以来自老黄河口降解程度较高的有机碳也会在南黄海中部沉积下来 (Hu et al., 2013)。木质素的降解参数在南黄海南部也存在低值区,这可能归因于苏北沿岸和长江较新鲜的陆源有机碳的输入。3,5-Bd/V 和 P/(S+V) 与 Λ_8 均表现出较强的非线性关系(R^2 分别为 0.96 和 0.98,$P < 0.001$),随着 Λ_8 的增大,3,5-Bd/V 和 P/(S+V) 逐渐减小,进一步说明木质素含量高的沉积物,其陆源有机碳的降解程度低(图 8.10)。

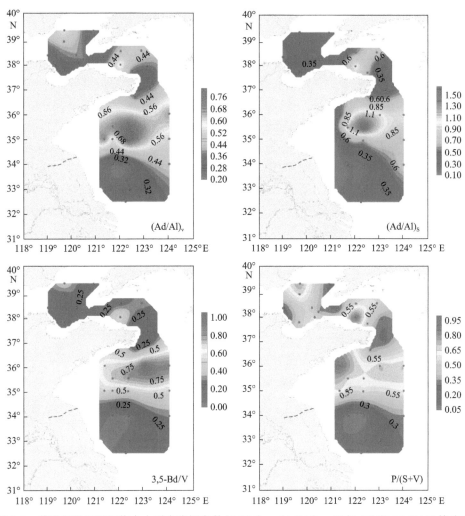

图 8.9 黄渤海表层沉积物中木质素降解参数 $(Ad/Al)_V$、$(Ad/Al)_S$、$P/(S+V)$ 和 3,5-Bd/V 的分布

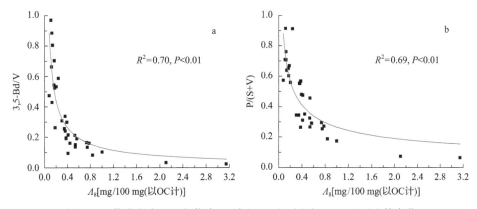

图 8.10 黄渤海表层沉积物中 Λ_8 随 $(Ad/Al)V$(a) 和 3,5-Bd/V(b) 的变化

渤海沉积物中木质素的降解状态与黄河下游悬浮颗粒物相近，而东海内陆架沉积物与长江口悬浮颗粒物木质素的降解状态相近，这主要是因为长江和黄河来源的颗粒物中木质素的特征差异较大(图 8.11)。与长江口悬浮颗粒物和东海内陆架沉积物相比，黄河下游悬浮颗粒物、黄海和渤海沉积物中 Λ_8 较低，而$(Ad/Al)_v$较高，这表明黄渤海沉积物中陆源维管植物来源的有机碳较少且降解程度较高(图 8.11)。值得注意的是，黄海沉积物中 Λ_8 和$(Ad/Al)_v$的范围比黄河下游悬浮颗粒物和渤海沉积物更宽，这可能是因为黄海沉积物中有机碳的来源也受到老黄河口侵蚀、近岸和长江输入的影响(图 8.11)(Hu et al.，2013；Zhou et al.，2015)。尽管河流来源的颗粒物在沉积前会经历长时间的输运，但在输运过程中，海源有机碳优先发生降解，陆源有机碳可以被选择性地保存下来，因此前人的研究表明黄渤海泥质区可能具有较高的陆源有机碳的保存效率(Hu et al.，2016；Tao et al.，2015)。近年来在东黄海的沉积物培养实验也表明，海源有机碳会发生优先降解，而陆源有机碳更易保存下来(Song et al.，2016；Zhao et al.，2018)，也证明了作为典型被动陆架的中国东部边缘海是重要的陆源有机碳汇。

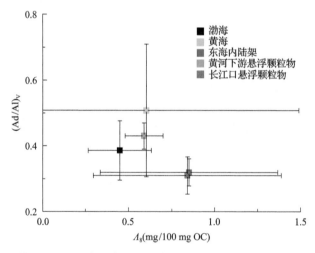

图 8.11　黄河、长江和中国东部陆架边缘海沉积物中$(Ad/Al)_v$与 Λ_8 的关系
图中的数据来自参考文献(Li et al.，2014；潘慧慧，2015；邱璐，2017)

8.3.2　黄渤海沉积有机碳的再矿化作用

陆架边缘海是有机碳的沉积中心，在全球碳循环过程中发挥着重要作用(Bianchi and Allison，2009；Hedges and Keil，1995)。边缘海每年都可以接收邻近河流输运来的大量淡水、沉积物和有机碳(McKee et al.，2004)。黄渤海有机碳与矿物表面积的比值(TOC/SSA)小于 1，并且显著低于非三角洲陆架和存在厌氧/

上升流的海洋环境中的比值，这表明沉积有机碳在输运和沉积过程中发生了降解（图 8.12）。实际上，处于边缘海的河口移动泥区虽然具有较高的初级生产水平和较高的沉积速率，但其沉积有机碳并没有得到很好的保存，而是发生了显著的再矿化分解（Aller et al.，1996，2008；Aller，1998）。在颗粒物的输运过程中，物理或生物改造作用使得沉积物频繁地再悬浮和移动，改变了本应随时间和深度有序发生的有机碳早期成岩过程，将已经沉积下来并被新的沉积物覆盖的有机碳再次暴露在氧化或次氧化环境中而发生再矿化分解（Aller，1998，2004；Blair and Aller，2012）。同样地，黄河来源的有机碳也会经历长时间的输运才能到达黄海，并且南黄海较弱的沿岸流和气旋冷涡的存在进一步增加了沉积物的输运路径，因此大量有机碳在水体中发生降解（Bao et al.，2018；Shi et al.，2003；Zhao et al.，2018）。值得注意的是，黄渤海的 TOC/SSA 显著高于河口三角洲和存在移动泥的区域，如长江口和亚马孙移动泥区（Aller and Blair，2006；Yao et al.，2014）。实际上，相对于这些河口区域，黄渤海的沉积环境较稳定，颗粒物易于沉积下来；而对于存在移动泥的区域，频繁的物理扰动加速了沉积有机碳的再矿化过程，减少了矿物表面所吸附的有机碳量（Aller et al.，1998；Yao et al.，2014）。

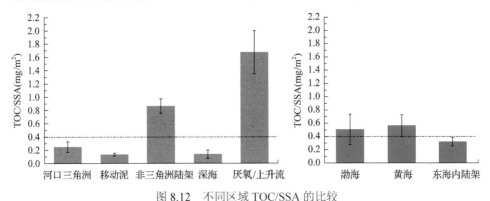

图 8.12　不同区域 TOC/SSA 的比较

图中数据引自参考文献（Aller，1998，2004；Aller and Blair，2006；Yao et al.，2014）

DIC 和 NH_4^+ 的产生速率长期被用来指示有机碳的再矿化作用（Aller et al.，1996；Alongi et al.，2012；Yao et al.，2014）。从沉积物厌氧再矿化培养的结果来看，南黄海沉积物间隙水 DIC 和 NH_4^+ 的产生速率显著低于东海内陆架，表明较低的底层水温度有效抑制了有机碳的再矿化作用（图 8.13）。由于黄海冷水团（YSCWM）的存在，其底层水温度通常低于 10℃（Shi et al.，2003）。虽然黄海中部泥质区具有较高的 TOC 和 TN 含量，但是 DIC 和 NH_4^+ 产生速率低于东海内陆架，表明温度是控制有机碳再矿化作用的主要因素（Zhao et al.，2018）。长期的观测结果表明，冬季冷水团在南黄海北部形成，而夏季冷水团会逐渐向南转移，从而影响沉积物中多种生物地球化学过程（Chen et al.，2004；Zhang et al.，2008）。同时，间隙水二价铁离子和硫酸盐的分布也表明，南黄海较低的底层水温度可能同时限制了铁和硫酸盐的还原作用，因此 YSCWM 的存在可能抑制了南黄海有机碳的再矿化作用(Zhao et al.，2018)。大量的研究证明中国边缘海沿岸流对河流物质的输运和移动泥的形成至关重要(Liu et al.，2006，2007)，而沿岸流可能也会通过改变海水温度对有机碳的再矿化过程起到重要作用。需要说明的是，目前关于黄渤海沉积有机碳保存的研究存在许多不足，尤其是黄河口、渤海与北黄海沉积有机碳的再矿化过程还鲜有研究，亟待进一步探索。

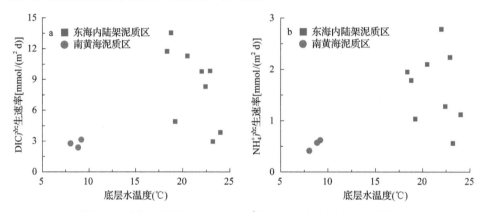

图 8.13　东海和南黄海 DIC 和 NH_4^+ 产生速率和底层水温度的关系

图中数据来自参考文献(Zhao et al.，2018)

8.4　黄渤海沉积有机碳的埋藏通量

黄渤海是我国典型的半封闭式陆架浅海，每年可以接收黄河和长江来源的颗粒物、有机碳和营养盐等陆源物质，并在渤海中部、北黄海西部、南黄海中部及朝鲜半岛西侧形成了多个泥质沉积区(Martin et al.，1993；Hu et al.，2011)。目前已有许多研究利用 ^{210}Pb 年代学的方法测定了黄渤海不同区域的沉积速率，并估算了沉积物积累通量(Hu et al.，2011，2016；胡邦琦等，2011；李凤业和史玉兰，1995；李凤业等，2002；李军等，2012)。通过整理前人测定的沉积物积累速率的数据，利用克里格插值法(Kriging interpolation method)拟合出了整个黄渤海不同区域的沉积物积累速率，将其乘以图 8.2 中以相同方法拟合出的表层沉积物的 TOC 含量得到黄渤海沉积物中 TOC 的积累速率(图 8.14)。总体上，沉积速率、沉积物的积累速率和 TOC 积累速率的分布趋势相似，均表现为由黄河口向渤海和黄海迅速减少(图 8.14)。黄河现代三角洲和渤海沿岸区域具有明显的沉积速率高值，最大值可达 9.59 cm/a，沉积物积累速率最大可达 14.44 g/(cm^2·a)，这主要是由黄河具有极高的输沙量，且大量黄河来源的颗粒物在河口发生沉积所致(李凤业和史玉兰，1995；Yang et al.，2003）。尽管黄河所带来的沉积物的 TOC 含量较低，但是极高的沉积速率使大量有机碳埋藏下来（Wang et al.，2012；邱璐等，2017）。值得注意的是，黄河口东南处的莱州湾的沉积速率显著高于渤海中部和北部，这表明黄河来源的颗粒物主要向东南输运（李凤业等，2002）。尽管黄河来源的颗粒物会在黄河现代三角洲短暂沉积，但部分细颗粒物质会沿山东半岛向东运移，绕过成山角后进入南黄海，成为南黄海中部泥质区重要的陆源物质（程鹏和高抒，2000；胡邦琦等，2011；Martin et al.，1993）。由于老黄河口和苏北沿岸的侵蚀，南黄海西部也具有较高的沉积速率（约 1 cm/a）（Hu et al.，2013；Zhou et al.，2015）。研究表明，山东北部沿岸泥质区的陆源物质主要来自于现代黄河的输入，而南黄海中部泥质区的陆源物质主要来自现代黄河口的输入和老黄河口的侵蚀，长江和其他河流输入的影响较少（蔡德陵等，2001；Zhou et al.，2015）。渤海中部泥质沉积区、南黄海中部和北黄海西部泥质区沉积环境稳定、水动力作用较弱、陆源输入较少，所以沉积速率较低（胡邦琦等，2011；Hu et al.，1984；Shi et al.，2003）。

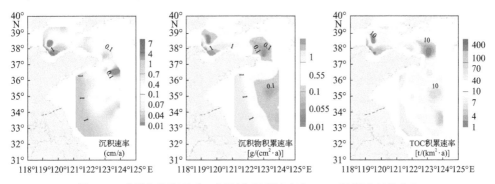

图 8.14　黄渤海沉积速率、沉积物积累速率和 TOC 积累速率的分布
图中 ^{210}Pb 沉积速率数据来自参考文献（李军等，2012）

　　黄渤海平均的 TOC 积累速率为 28.2 t/(km^2·a)（以 OC 计），高于前人在相同研究区域的估计值[15.3 t/(km^2·a)（以 OC 计）]（Hu et al.，2016），这可能与拟合区域的不同有关；而本次计算具有更多黄河口沉积速率较高的站位，也进一步证明了黄河来源物质对黄渤海陆源有机碳贡献的重要性。值得注意的是，这两次估计都显示出黄渤海 TOC 积累速率变化范围较大，黄河口区域具有最高的 TOC 积累速率[416.0 t/(km^2·a)（以 OC 计）]，而渤海中部泥质沉积区、南黄海中部和北黄海西部泥质区的 TOC 积累速率较低（图 8.14）。黄海沉积物中的 TOC 积累速率[24.3 t/(km^2·a)（以 OC 计）]显著低于渤海[48.4 t/(km^2·a)（以 OC 计）]，这主要归因于黄海较低的沉积物积累速率（图 8.14）。黄渤海沉积物有机碳的 TOC 积累速率高于东海陆架[14.7 t/(km^2·a)（以 OC 计）]，但是低于受长江输入影响显著的东海内陆架[>50 t/(km^2·a)（以 OC 计）]（Deng et al.，2006）。黄渤海平均的 TOC 积累

速率与路易斯安纳陆架[22.7 t/(km²·a)(以 OC 计)]和波弗特陆架[19.2 t/(km²·a)(以 OC 计)]等陆架边缘海系统相近(Aller et al.，1996；Gordon et al.，2001)，显著高于全球陆架的平均值[4.15 t/(km²·a)(以 OC 计)](Berner，1982)，进一步证明了陆架边缘海系统对有机碳的埋藏作用。黄渤海的面积约为 $0.46×10^6$ km²，所以其 TOC 的总埋藏通量约为 12.89 Mt/a(以 OC 计)，而前人在相同区域估计的 TOC 埋藏通量大致为 5.6 Mt/a(以 OC 计)，与东海陆架的碳埋藏通量的量级相似[7.6 Mt/a(以 OC 计)](Deng et al.，2006；Hu et al.，2016)。

将 TOC 积累速率与不同来源有机碳所占的比例相乘可以得到不同来源有机碳的积累速率(图 8.15)。结果表明，黄渤海海洋来源有机碳的积累速率分别约为 12.59 t/(km²·a)(以 OC 计)和 25.65 t/(km²·a)(以 OC 计)，平均值约为 14.70 t/(km²·a)(以 OC 计)，而陆源有机碳(维管植物+土壤)的积累速率分别约为 11.75 t/(km²·a)(以 OC 计)和 22.73 t/(km²·a)(以 OC 计)，平均值约为 13.52 t/(km²·a)(以 OC 计)。黄渤海总陆源有机碳的埋藏通量约为 $6.18×10^6$ t/a(以 OC 计)。Deng 等(2006)估算了东海陆架陆源有机碳的埋藏通量约为 $1.9×10^6$ t/a(以 OC 计)，因此中国东部边缘海(渤海+黄海+东海)陆源有机碳的总埋藏通量约为 $8.08×10^6$ t/a(以 OC 计)，约占全球陆架边缘海中陆源有机碳的总埋藏通量[约 $58×10^6$ t/a(以 OC 计)]的14%(Burdige，2005)。

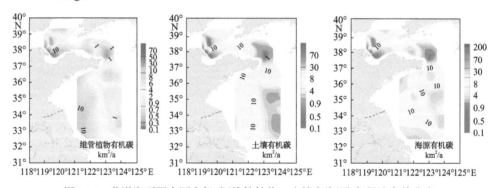

图 8.15　黄渤海不同来源有机碳(维管植物、土壤和海源)积累速率的分布

近年来越来越多的研究证明，人类活动对河口有机碳生物地球化学循环的影响日益增强，可以显著改变陆源有机碳向海洋的输送(Bi et al.，2014；Li et al.，2014；Wang et al.，2011)。例如，大型水库的建设和水土保持工程的实施使黄河入海泥沙总量在 60 年里减少约 90%，并且入海的泥沙颗粒显著粗化(Wang et al.，2010)。黄河流域农业用水量也在 50 年间增长了一倍，超出了黄河入海的总输水量(Wang et al.，2006)。同样地，长江流域兴建的超过 50 000 座大坝和水库也减少了输入东海的沉积物总量，尤其是三峡大坝等大型工程对河流入海泥沙通量的影响显著(Yang et al.，2006，2011)。研究表明，三峡大坝对颗粒物的拦截减少了

陆源维管植物向东海的输入，并可能增加了淡水浮游植物来源有机碳的输入(Li et al., 2014)。因此，在人类活动对黄渤海的影响日益增强，以及富营养化、低氧和生态灾害趋于常态化的背景下，深入理解陆架边缘海有机碳的源汇格局和保存机制，对预测生态环境的演变具有重要意义，可以丰富和深化对河口及陆架边缘海有机碳的生物地球化学循环的认识。

8.5　本章小结

黄渤海表层沉积物中 TOC 浓度的高值区分布在渤海中部、北黄海西部及南黄海中部泥质区，粒径是控制沉积有机碳含量和分布的重要因素。黄渤海表层沉积物样品的 C/N 和 δ^{13}C 范围较宽，不同区域差别较大，苏北老黄河口的沉积有机碳中陆源有机碳的贡献较高，而渤海中部、北黄海西部及南黄海中部泥质区的沉积有机碳则是以海洋来源为主。木质素的分布与 C/N 和 δ^{13}C 所指示的有机碳来源的结果较一致，并且主要来自草本和木本被子植物的混合。蒙特卡洛模拟的结果表明沉积有机碳主要来源于海洋浮游植物，其贡献从河口和近岸向外海逐渐升高；其次是土壤和 C3 维管植物，其分布与海源有机碳相反。木质素的降解参数在河口及近岸较低，而在南黄海泥质区较高，表明陆源有机碳随沉积物的输运降解程度逐渐升高，水动力分选在陆源有机碳的分布过程和选择性降解中发挥了重要作用。南黄海底层水冷水团的低温和较稳定的沉积环境减弱了沉积有机碳的再矿化作用，使其沉积物中 DIC 产生速率显著低于东海。中国东部边缘海(渤海+黄海+东海)陆源有机碳的总埋藏通量约占全球陆架边缘海中陆源有机碳总埋藏量[$\sim$58$\times$10^6 t/a(以 OC 计)]的 14%，因此中国东部边缘海是重要的陆源有机碳汇。在人类活动对河流物质输送影响日益增大的大背景下，今后的研究应更关注陆架边缘海有机碳的源汇格局和保存机制，以及其对全球有机碳生物地球化学循环的重要作用。

参 考 文 献

蔡德陵, 石学法, 周卫健, 等. 2001. 南黄海悬浮体和沉积物的物质来源和运移: 来自碳稳定同位素组成的证据. 科学通报, (S1): 16-23.

程鹏, 高抒. 2000. 北黄海西部海底沉积物的粒度特征和净输运趋势. 海洋与湖沼, 31(6): 604-615.

高立蒙, 姚鹏, 王金鹏, 等. 2016. 渤海表层沉积物中有机碳的分布和来源. 海洋学报, 38(6): 8-20.

胡邦琦, 李国刚, 李军, 等. 2011. 黄海、渤海铅-210 沉积速率的分布特征及其影响因素. 海洋学报, 33(6): 125-133.

李栋. 2015. 长江口-东海内陆架沉积有机碳的生物地球化学过程及生态环境演变历史的重建. 中国海洋大学博士学位论文.

李凤业, 高抒, 贾建军, 等. 2002. 黄、渤海泥质沉积区现代沉积速率. 海洋与湖沼, 33(4): 364-369.

李凤业, 史玉兰. 1995. 渤海现代沉积的研究. 海洋科学, 19(2): 47-50.

李军, 胡邦琦, 窦衍光, 等. 2012. 中国东部海域泥质沉积区现代沉积速率及其物源控制效应初探. 地质论评, 58(4): 745-756.

潘慧慧, 姚鹏, 赵彬, 等. 2015. 基于水淘选分级的长江口最大浑浊带附近颗粒有机碳的来源、分布和保存. 海洋学报, 37(4): 1-15.

潘慧慧. 2015. 基于水淘选分级的长江口颗粒有机碳的来源、分布和降解特征. 中国海洋大学硕士学位论文.

邱璐, 姚鹏, 张婷婷, 等. 2017. 黄河下游颗粒有机碳的来源, 降解与输运特征. 中国环境科学, 37(4): 1483-1491.

邱璐. 2017. 陆源有机碳在黄河河流、河口和边缘海系统中从源到汇的演化. 中国海洋大学硕士学位论文.

王金鹏, 姚鹏, 孟佳, 等. 2015. 基于水淘选分级的长江口及其邻近海域表层沉积物中有机碳的来源、分布和保存. 海洋学报, 37(6): 41-57.

吴莹, 张经, 张再峰, 等. 2002. 长江悬浮颗粒物中稳定碳、氮同位素的季节分布. 海洋与湖沼, 33(5): 546-552.

姚鹏, 郭志刚, 于志刚. 2014. 大河影响下的陆架边缘海沉积有机碳的再矿化作用. 海洋学报, (2): 23-32.

姚鹏, 于志刚, 郭志刚. 2013. 大河影响下的边缘海沉积有机碳输运与埋藏及再矿化研究进展. 海洋地质与第四纪地质, 33(1): 153-160.

于灏, 吴莹, 张经, 等. 2007. 长江流域植物和土壤的木质素特征. 环境科学学报, 27(5): 817-823.

张婷, 李先国, 兰海青, 等. 2014. 黄海表层沉积物中木质素的分布特征及其影响因素. 海洋环境科学, 33(6): 822-829.

张婷婷, 姚鹏, 王金鹏, 等. 2015. 调水调沙对黄河下游颗粒有机碳输运的影响. 环境科学, 36(8): 2817-2826.

赵彬, 姚鹏, 潘慧慧, 等. 2015. 长江口表层沉积物中有机碳的来源、分布与成岩状态. 中国海洋大学学报, 45(11): 49-62.

赵美训, 张玉琢, 邢磊, 等. 2011. 南黄海表层沉积物中正构烷烃的组成特征、分布及其对沉积有机质来源的指示意义. 中国海洋大学学报(自然科学版), 41(4): 90-96.

Aller R C, Blair N E, Brunskill G J. 2008. Early diagenetic cycling, incineration, and burial of sedimentary organic carbon in the central Gulf of Papua (Papua New Guinea). Journal of Geophysical Research, 113: F01S09.

Aller R C, Blair N E, Xia Q, et al. 1996. Remineralization rates, recycling, and storage of carbon in Amazon shelf sediments. Continental Shelf Research, 16(5): 753-786.

Aller R C, Blair N E. 2006. Carbon remineralization in the Amazon-Guianas tropical mobile mudbelt: a sedimentary incinerator. Continental Shelf Research, 26(17-18): 2241-2259.

Aller R C. 1998. Mobile deltaic and continental shelf muds as suboxic, fluidized bed reactors. Marine Chemistry, 61(3-4): 143-155.

Aller R C. 2004. Conceptual models of early diagenetic processes: the muddy seafloor as an unsteady, batch reactor. Journal of Marine Research, 62(6): 815-835.

Alongi D M, Wirasantosa S, Wagey T, et al. 2012. Early diagenetic processes in relation to river discharge and coastal upwelling in the Aru Sea, Indonesia. Marine Chemistry, 140-141(3): 10-23.

Andersson A. 2011. A systematic examination of a random sampling strategy for source apportionment calculations. Science of the Total Environment, 412: 232-238.

Bao R, Mcintyre C, Zhao M, et al. 2016. Widespread dispersal and aging of organic carbon in shallow marginal seas. Geology, 44(10): 791-794.

Bao R, van der Voort T S, Zhao M, et al. 2018. Influence of hydrodynamic processes on the fate of sedimentary organic matter on continental margins. Global Biogeochemical Cycles, 32: 1420-1432.

Benner R, Fogel M L, Sprague E K, et al. 1987. Depletion of ^{13}C in lignin and its implications for stable carbon isotope studies. Nature, 329(6141): 708-710.

Berner R A. 1970. Sedimentary pyrite formation. American Journal of Science, 268(1): 1-23.

Berner R A. 1982. Burial of organic carbon and pyrite sulfur in the modern ocean: Its geochemical and environmental significance. American Journal of Science, 282(4): 451-473.

Bi N S, Wang H J, Yang Z S. 2014. Recent changes in the erosion-accretion patterns of the active Huanghe (Yellow River) delta lobe caused by human activities. Continental Shelf Research, 90: 70-78.

Bi N S, Yang Z S, Wang H J, et al. 2011. Seasonal variation of suspended-sediment transport through the southern Bohai Strait. Estuarine, Coastal and Shelf Science, 93(3): 239-247.

Bianchi T S, Allison M A. 2009. Large-river delta-front estuaries as natural "recorders" of global environmental change. Proceedings of the National Academy of Sciences, 106(20): 8085-8092.

Bianchi T S, Argyrou M, Chippett H F. 1999. Contribution of vascular-plant carbon to surface sediments across the coastal margin of Cyprus (eastern Mediterranean). Organic Geochemistry, 30(5): 287-297.

Bianchi T S, Canuel E A. 2011. Chemical Biomarkers in Aquatic Ecosystems. Princeton: Princeton University Press: 224.

Bianchi T S, Cui X, Blair N E, et al. 2017. Centers of organic carbon burial and oxidation at the land-ocean interface. Organic Geochemistry, 115: 138-155.

Bianchi T S, Mitra S, Mckee B A. 2002. Sources of terrestrially-derived organic carbon in lower Mississippi River and Louisiana shelf sediments: implications for differential sedimentation and transport at the coastal margin. Marine Chemistry, 77 (2): 211-223.

Blair N E, Aller R C. 2012. The fate of terrestrial organic carbon in the marine environment. Annual Review of Marine Science, 4 (4): 401-423.

Burdige D J. 2005. Burial of terrestrial organic matter in marine sediments: a re-assessment. Global Biogeochemical Cycles, 19, GB4011.

Cai D L. 1994. Geochemical studies on organic carbon isotope of the Huanghe River (Yellow River) Estuary. Science in China (Series B), 37 (8): 1001-1015.

Chen Y L, Hu D X, Wang F. 2004. Long-term variabilities of thermodynamic structure of the East China Sea Cold Eddy in summer. Chinese Journal of Oceanology and Limnology, 22 (3): 224-230.

Cheng P, Gao S, Bokuniewicz H. 2004. Net sediment transport patterns over the Bohai Strait based on grain size trend analysis. Estuarine Coastal and Shelf Science, 60 (2): 203-212.

Deng B, Zhang J, Wu Y. 2006. Recent sediment accumulation and carbon burial in the East China Sea. Global Biogeochemical Cycles, 20 (3): GB3014.

Dickens A F, Gudeman J A, Gélinas Y, et al. 2007. Sources and distribution of CuO-derived benzene carboxylic acids in soils and sediments. Organic Geochemistry, 38 (8): 1256-1276.

Dittmar T, Lara R J. 2001. Molecular evidence for lignin degradation in sulfate-reducing mangrove sediments (Amazônia, Brazil). Geochimica et Cosmochimica Acta, 65 (9): 1417-1428.

Goñi M A, Hedges J I. 1995. Sources and reactivities of marine-derived organic matter in coastal sediments as determined by alkaline CuO oxidation. Geochimica et Cosmochimica Acta, 59 (14): 2965-2981.

Goñi M A, Ruttenberg K C, Eglinton T I. 1998. A reassessment of the sources and importance of land-derived organic matter in surface sediments from the Gulf of Mexico. Geochimica et Cosmochimica Acta, 62 (18): 3055-3075.

Goñi M A, Teixeira M J, Perkey D W. 2003. Sources and distribution of organic matter in a river-dominated estuary (Winyah Bay, SC, USA). Estuarine, Coastal and Shelf Science, 57 (5): 1023-1048.

Goñi M A, Yunker M B, Macdonald R W, et al. 2000. Distribution and sources of organic biomarkers in arctic sediments from the Mackenzie River and Beaufort Shelf. Marine Chemistry, 71 (1): 23-51.

Gordon E S, Goñi M A, Roberts Q N, et al. 2001. Organic matter distribution and accumulation on the inner Louisiana shelf west of the Atchafalaya River. Continental Shelf Research, 21(16): 1691-1721.

Guan B X. 1994. Patterns and Structures of the Currents in Bohai, Huanghai and East China Seas//Zhou D, Liang Y B, Zeng C K. Oceanology of China Seas.Dordrecht Springer: 17-26.

Guo Z G, Li J Y, Feng J L, et al. 2006. Compound-specific carbon isotope compositions of individual long-chain n-alkanes in severe Asian dust episodes in the North China coast in 2002. Chinese Science Bulletin, 51(17): 2133-2140.

Hainbucher D, Hao W, Pohlmann T, et al. 2004. Variability of the Bohai Sea circulation based on model calculations. Journal of Marine Systems, 44(3-4): 153-174.

Hastings R H, Goñi M A, Wheatcroft R A, et al. 2012. A terrestrial organic matter depocenter on a high-energy margin: the Umpqua River system, Oregon. Continental Shelf Research, 39: 78-91.

Hedges J I, Ertel J R. 1982. Characterization of lignin by gas capillary chromatography of cupric oxide oxidation products. Analytical Chemistry, 54(2): 174-178.

Hedges J I, Keil R G, Benner R. 1997. What happens to terrestrial organic matter in the ocean? Marine Chemistry, 27(5/6): 195-212.

Hedges J I, Keil R G. 1995. Sedimentary organic matter preservation: an assessment and speculative synthesis. Marine Chemistry, 49(2-3): 123-126.

Hedges J I, Mann D C. 1979. The characterization of plant tissues by their lignin oxidation products. Geochimica et Cosmochimica Acta, 43(11): 1803-1807.

Hedges J I, Parker P L. 1976. Land-derived organic matter in surface sediments from the Gulf of Mexico. Geochimica et Cosmochimica Acta, 40(9): 1019-1029.

Hernes P J, Robinson A C, Aufdenkampe A K. 2007. Fractionation of lignin during leaching and sorption and implications for organic matter "freshness". Geophysical Research Letters, 34(17): L17404.

Houel S, Louchouarn P, Lucotte M, et al. 2006. Translocation of soil organic matter following reservoir impoundment in boreal systems: implications for in situ productivity. Limnology and Oceanography, 51(3): 1497-1513.

Hu D X. 1984. Upwelling and sedimentation dynamics Ⅰ. the role of upwelling in sedimentation in the Huanghai Sea and East China Sea—a description of general features. Chinese Journal of Oceanology and Limnology, 2(1): 13-19.

Hu L M, Guo Z, Feng J, et al. 2009. Distributions and sources of bulk organic matter and aliphatic hydrocarbons in surface sediments of the Bohai Sea, China. Marine Chemistry, 113(3): 197-211.

Hu L M, Lin T, Shi X F, et al. 2011. The role of shelf mud depositional process and large river inputs on the fate of organochlorine pesticides in sediments of the Yellow and East China seas. Geophysical Research Letters, 38(3): 246-258.

Hu L M, Shi X F, Bai Y, et al. 2016. Recent organic carbon sequestration in the shelf sediments of the Bohai Sea and Yellow Sea, China. Journal of Marine Systems, 155: 50-58.

Hu L M, Shi X F, Guo Z G, et al. 2013. Sources, dispersal and preservation of sedimentary organic matter in the Yellow Sea: the importance of depositional hydrodynamic forcing. Marine Geology, 335(1): 52-63.

Jex C N, Pate G H, Blyth A J, et al. 2014. Lignin biogeochemistry: from modern processes to Quaternary archives. Quaternary Science Reviews. 87(2): 46-59.

Kaiser K, Guggenberger G. 2010. Mineral surfaces and soil organic matter. European Journal of Soil Science. 54(2): 219-236.

Keil R G, Tsamakis E, Fuh C B, et al. 1994. Mineralogical and textural controls on the organic composition of coastal marine sediments: hydrodynamic separation using SPLITT-fractionation. Geochimica et Cosmochimica Acta, 58(2): 879-893.

Li D, Yao P, Bianchi T S, et al. 2014. Organic carbon cycling in sediments of the Changjiang Estuary and adjacent shelf: implication for the influence of Three Gorges Dam. Journal of Marine Systems, 139(139): 409-419.

Li X X, Bianchi T S, Allison M A, et al. 2012. Composition, abundance and age of total organic carbon in surface sediments from the inner shelf of the East China Sea. Marine chemistry, 145(37-52): 37-52.

Liu J P, Li A C, Xu K H, et al. 2006. Sedimentary features of the Yangtze River-derived along-shelf clinoform deposit in the East China Sea. Continental Shelf Research, 26(17): 2141-2156.

Liu J P, Xu K H, Li A C, et al. 2007. Flux and fate of Yangtze River sediment delivered to the East China Sea. Geomorphology, 85(3): 208-224.

Louchouarn P, Lucotte M, Farella N. 1999. Historical and geographical variations of sources and transport of terrigenous organic matter within a large-scale coastal environment. Organic Geochemistry, 30(7): 675-699.

Martin J M, Zhang J, Shi M C, et al. 1993. Actual flux of the Huanghe (Yellow river) sediment to the Western Pacific ocean. Netherlands Journal of Sea Research, 31(3): 243-254.

Mayer L M. 1994. Surface area control of organic carbon accumulation in continental shelf sediments. Geochimica et Cosmochimica Acta, 58(4): 1271-1284.

Mckee B A, Aller R C, Allison M A, et al. 2004. Transport and transformation of dissolved and particulate materials on continental margins influenced by major rivers: benthic boundary layer and seabed processes. Continental Shelf Research, 24(7-8): 899-926.

Meade R H. 1996. River-sediment inputs to major deltas//Milliman J D, Haq B U. Sea-Level Rise and Coastal Subsidence. Dordrecht: Springer: 63-85.

Meyers P A. 1997. Organic geochemical proxies of paleoceanographic, paleolimnologic, and paleoclimatic processes. Organic geochemistry, 27(5-6): 213-250.

Milliman J D, Qin Y S, Ren M E, et al. 1987. Man's Influence on the Erosion and Transport of Sediment by Asian Rivers: The Yellow River (Huanghe) Example. Journal of Geology, 95(6): 751-762.

Milliman J D, Syvitski J P M. 1992. Geomorphic/Tectonic Control of Sediment Discharge to the Ocean: The Importance of Small Mountainous Rivers. Journal of Geology, 100(5): 525-544.

Otto A, Shunthirasingham C, Simpson M J. 2005. A comparison of plant and microbial biomarkers in grassland soils from the Prairie Ecozone of Canada. Organic Geochemistry, 36(3): 425-448.

Otto A, Simpson M J. 2006. Evaluation of CuO oxidation parameters for determining the source and stage of lignin degradation in soil. Biogeochemistry, 80(2): 121-142.

Prahl F G, Ertel J R, Goni M A, et al. 1994. Terrestrial organic carbon contributions to sediments on the Washington margin. Geochimica et Cosmochimica Acta, 58(14): 3035-3048.

Pronk G J, Heister K, Koegel-Knabner I. 2011. Iron oxides as major available interface component in loamy arable topsoils. Soil Science Society of America Journal, 75(6): 2158-2168.

Ren M E, Shi Y L. 1986. Sediment discharge of the Yellow River (China) and its effect on the sedimentation of the Bohai and the Yellow Sea. Scientia Geographica Sinica, 6(6): 785-810.

Saito Y, Yang Z, Hori K. 2001. The Huanghe (Yellow River) and Changjiang (Yangtze River) deltas: a review on their characteristics, evolution and sediment discharge during the Holocene. Geomorphology, 41(2-3): 219-231.

Sánchez-García L, de Andrés J R, Martín-Rubí J A, et al. 2009. Diagenetic state and source characterization of marine sediments from the inner continental shelf of the Gulf of Cádiz (SW Spain), constrained by terrigenous biomarkers. Organic Geochemistry, 40(2): 184-194.

Shi X F, Chen C F, Liu Y G, et al. 2002. Trend analysis of sediment grain size and sedimentary process in the central South Yellow Sea. Science Bulletin, 47(14): 1202-1207.

Shi X F, Shen S X, Yi H, et al. 2003. Modern sedimentary environments and dynamic depositional systems in the southern Yellow Sea. Chinese Science Bulletin, 48: 1-7.

Smith R W, Bianchi T S, Savage C. 2010. Comparison of lignin phenols and branched/isoprenoid tetraethers (BIT index) as indices of terrestrial organic matter in Doubtful Sound, Fiordland, New Zealand. Organic Geochemistry, 41(3): 281-290.

Song G D, Liu S M, Zhu Z Y, et al. 2016. Sediment oxygen consumption and benthic organic carbon mineralization on the continental shelves of the East China Sea and the Yellow Sea. Deep Sea Research Part Ⅱ: Topical Studies in Oceanography, 124: 53-63.

Tao S, Eglinton T I, Montluçon D B, et al. 2016. Diverse origins and pre-depositional histories of organic matter in contemporary Chinese marginal sea sediments. Geochimica et Cosmochimica Acta, 191: 70-88.

Tareq S M, Kitagawa H, Ohta K. 2011. Lignin biomarker and isotopic records of paleovegetation and climate changes from Lake Erhai, southwest China, since 18.5 ka BP. Quaternary International, 229 (1): 47-56.

Tareq S M, Tanaka N, Ohta K. 2004. Biomarker signature in tropical wetland: lignin phenol vegetation index (LPVI) and its implications for reconstructing the paleoenvironment. Science of the Total Environment, 324 (1): 91-103.

Tesi T, Miserocchi S, Goñi M A, et al. 2007. Source, transport and fate of terrestrial organic carbon on the western Mediterranean Sea, Gulf of Lions, France. Marine chemistry, 105 (1): 101-117.

Torn M S, Trumbore S E, Chadwick O A, et al. 1997. Mineral control of soil organic carbon storage and turnover. Nature, 389: 170-173.

Vonk J E, Sanchez-Garcia L, Semiletov I P, et al. 2010. Molecular and radiocarbon constraints on sources and degradation of terrestrial organic carbon along the Kolyma paleoriver transect, East Siberian Sea. Biogeosciences, 7 (4): 3153-3166.

Wang G A, Han J M, Liu D S. 2003. The carbon isotope composition of C_3 herbaceous plants in loess area of northern China. Science in China (Series D: Earth Sciences), 46 (10): 93-100.

Wang H J, Bi N S, Saito Y, et al. 2010. Recent changes in sediment delivery by the Huanghe (Yellow River) to the sea: causes and environmental implications in its estuary. Journal of Hydrology, 391 (3): 302-313.

Wang H J, Saito Y, Zhang Y, et al. 2011. Recent changes of sediment flux to the western Pacific Ocean from major rivers in East and Southeast Asia. Earth-Science Reviews, 108 (1): 80-100.

Wang H J, Wu X, Bi N, et al. 2017. Impacts of the dam-orientated water-sediment regulation scheme on the lower reaches and delta of the Yellow River (Huanghe): a review. Global & Planetary Change, 157: 93-113.

Wang H J, Yang Z S, Saito Y, et al. 2006. Interannual and seasonal variation of the Huanghe (Yellow River) water discharge over the past 50years: Connections to impacts from ENSO events and dams. Global and Planetary Change, 50 (3): 212-225.

Wang H J, Yang Z S, Saito Y, et al. 2007. Stepwise decreases of the Huanghe (Yellow River) sediment load (1950-2005): impacts of climate change and human activities. Global and Planetary Change, 57 (3-4): 331-354.

Wang J P, Yao P, Bianchi T S, et al. 2015. The effect of particle density on the sources, distribution, and degradation of sedimentary organic carbon in the Changjiang Estuary and adjacent shelf. Chemical Geology, 402 (9): 52-67.

Wang X, Ma H, Li R, et al. 2012. Seasonal fluxes and source variation of organic carbon transported by two major Chinese Rivers: The Yellow River and Changjiang (Yangtze) River. Global Biogeochemical Cycles, 26: GB2025.

Xing L, Zhao M, Gao W, et al. 2014. Multiple proxy estimates of source and spatial variation in organic matter in surface sediments from the southern Yellow Sea. Organic Geochemistry, 76: 72-81.

Yang D W, Li C, Hu H P, et al. 2004. Analysis of water resources variability in the Yellow River of China during the last half century using historical data. Water Resources Research, 1842 (40): 308-322.

Yang S L, Li M, Dai S B, et al. 2006. Drastic decrease in sediment supply from the Yangtze River and its challenge to coastal wetland management. Geophysical Research Letters, 33 (6): 272-288.

Yang S L, Milliman J D, Li P, et al. 2011. 50000 dams later: erosion of the Yangtze River and its delta. Global & Planetary Change, 75 (1): 14-20.

Yang S Y, Jung H S, Lim D I, et al. 2003. A review on the provenance discrimination of sediments in the Yellow Sea. Earth Science Reviews, 63 (1): 93-120.

Yao P, Yu Z, Bianchi T S, et al. 2015. A multiproxy analysis of sedimentary organic carbon in the Changjiang Estuary and adjacent shelf. Journal of Geophysical Research: Biogeosciences, 120: 1407-1429.

Yao P, Zhao B, Bianchi T S, et al. 2014. Remineralization of sedimentary organic carbon in mud deposits of the Changjiang Estuary and adjacent shelf: implications for carbon preservation and authigenic mineral formation. Continental Shelf Research, 91: 1-11.

Zhang S W, Wang Q Y, Lü Y, et al. 2008. Observation of the seasonal evolution of the Yellow Sea Cold Water Mass in 1996-1998. Continental Shelf Research, 28 (3): 442-457.

Zhao B, Yao P, Bianchi T S, et al. 2018. The remineralization of sedimentary organic carbon in different sedimentary regimes of the Yellow and East China Seas. Chemical Geology, 495: 104-117.

Zhou C, Dong P, Li G. 2015. Hydrodynamic processes and their impacts on the mud deposit in the Southern Yellow Sea. Marine Geology, 360: 1-16.

第 9 章

渤海海-气CO$_2$和CH$_4$交换通量及环境效应[*]

[*] 赵化德，国家海洋环境监测中心
臧昆鹏，国家海洋环境监测中心
郑楠，国家海洋环境监测中心
徐雪梅，国家海洋环境监测中心
王菊英，国家海洋环境监测中心

渤海是一个半封闭的内海，三面环陆，仅东部通过渤海海峡与黄海相通，面积约 7.7×10^4 km^2，平均深度约 18 m，20 m 以浅的海域面积占一半以上，因此渤海的水交换能力有限。渤海作为黄河、辽河、海河三大水系汇聚的半封闭内海，营养物质丰富，生物资源储存量高，是中国重要的水产养殖基地。此外，渤海有亿吨级大油田，随着经济发展亦饱受陆上污染及溢油事故等影响。渤海主要海湾包括辽东湾、渤海湾、莱州湾，近年来富营养化问题不断加剧，赤潮频发（国家海洋局，2017），贝类养殖业受到威胁。渤海中部海域溶解氧（dissolved oxygen，DO）呈波动降低的趋势（俎婷婷等，2005；Ning et al.，2010），特别是近年来下降速度有所加快，有可能会成为我国仅次于长江口外的第二大缺氧区（Zhao et al.，2017）。不可否认，伴随着经济的快速发展，渤海海洋生态环境面临着严峻的考验，然而到目前为止，有关渤海海-气温室气体[CO_2 和甲烷（CH_4）]交换通量的研究工作仍然比较少，而针对渤海底层低氧、酸化及其生态环境效应的研究报道更是有限。

9.1 渤海表层海水 pCO_2 及海-气 CO_2 交换通量的分布变化

9.1.1 渤海表层海水 pCO_2 的分布变化

早年，谭敏和陈燕珍（1990）利用渤海断面调查的海水总碱度、pH、温度和盐度等估算了渤海海水 CO_2 体系的各分量，指出渤海表层海水 CO_2 分压（pCO_2）呈现南部和北部较高、中部低，近岸高、远岸低的分布规律；渤海入海河流的流量及其所含的碳酸盐、有机物的含量是影响海水 pCO_2 的重要因素，特别是黄河水的输入使渤海表层海水 pCO_2 增高。宋金明（2004）通过模拟海水 pCO_2 与温度的关系估算了渤海表层海水 pCO_2 的季节变化，指出春季渤海表层海水 pCO_2 低于大气 pCO_2，其最低值位于辽东半岛以西的中西部海域；夏季除渤海海峡中部以外的海域表层海水 pCO_2 均高于大气 pCO_2；而秋季和冬季渤海表层海水 pCO_2 均降低至小于大气 pCO_2，冬季表层海水 pCO_2 的量值远低于春季和秋季。张龙军和张云（2008）基于 2006 年 8 月夏季的现场调查结果，指出夏季渤海表层海水 pCO_2 分布具有较大的不均匀性，中部海域表层海水 pCO_2 平均值为 435 μatm[①]，高于大气 pCO_2；同时，渤海湾、辽东湾、莱州湾及黄河口附近海域表层 pCO_2 也较高；但渤海中西部沿岸及辽东湾外东部沿岸海域表层海水 pCO_2 小于大气 pCO_2，最小值为 313 μatm。尹维翰等（2012）基于现场调查指出 2009 年 9 月渤海中、北部表层海水 pCO_2 为 285～617 μatm，渤海中部明显低于辽东湾海域。国家海洋局

① 1 atm = 1.013 25 $\times 10^5$ Pa

北海分局在渤海开展了春、夏、秋、冬季的海-气 CO_2 交换通量走航观测，结果表明 2016 年 2 月渤海表层海水 pCO_2 为 228～501 µatm，均值远低于大气 pCO_2，8 月表层海水 pCO_2 为 267～766 µatm，普遍高于大气 pCO_2（国家海洋局北海分局，2017）；2017 年 5 月表层海水 pCO_2 为 301～491 µatm，11 月表层海水 pCO_2 为 299～467 µatm（国家海洋局北海分局，2018）。国家海洋局基于 2012～2016 年的连续监测数据，明确了渤海表层海水 pCO_2 具有较大的时空变异性（图 9.1）。总体而言，渤海表层海水 pCO_2 在冬季低于大气 pCO_2，春、夏、秋季高于大气 pCO_2（国家海洋局，2017）。如图 9.1 所示，黄河及陆源输入等对渤海表层海水 pCO_2 分布影响显著。

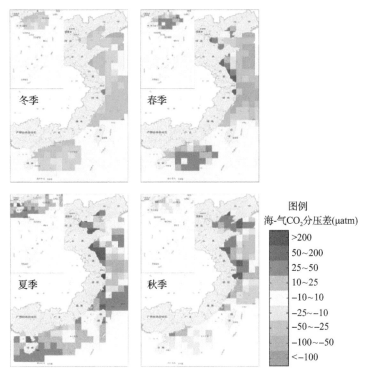

图 9.1　2012～2016 年中国近海海水和大气 pCO_2 之差（ΔpCO_2）网格化均值
（国家海洋局，2017）
ΔpCO_2 大于零海水为大气 CO_2 源；ΔpCO_2 小于零海水为大气 CO_2 的汇

9.1.2　渤海海-气 CO_2 交换通量评估

李悦（1997）利用物质质量平衡模式估算出渤海每年可向大气释放 CO_2 6.53×10^9 kg（以 C 计）（正值表示海洋向大气释放 CO_2，即碳源；负值表示海洋吸收大

气 CO_2，即碳汇）。宋金明(2004)基于表层海水 pCO_2 与温度的模型估算了渤海海-气界面 CO_2 的交换通量，指出渤海春季是大气 CO_2 的汇，吸收强度为–4.6～–3.0 mol/($m^2 \cdot a$)，平均值为–3.8 mol/($m^2 \cdot a$)，吸收最强海域在辽东半岛以西的中西部海域；夏季，除海峡中部外渤海几乎全向大气释放 CO_2，通量为 0.8 mol/($m^2 \cdot a$)；渤海秋季和冬季亦吸收 CO_2，其中冬季可达–8.8 mol/($m^2 \cdot a$)，不仅远大于春季，还大于秋季；全年尺度上，渤海每年可从大气吸收的 CO_2 为 2.84×10^9 kg(以 C 计)。张云(2008)通过现场实测，指出夏季仅渤海中西部沿岸和辽东湾外东部沿岸海域为大气 CO_2 的汇；水体透明度高、浮游植物活动强可能是形成该 CO_2 汇区的主要原因；整体而言，渤海在夏季表现为大气 CO_2 的一个净源，陆源输入特别是黄河高碳酸盐、高 pCO_2 的输入支撑了渤海源区的高 pCO_2；夏季渤海海-气界面 CO_2 交换通量的平均值为 1.2×10^9 kg(以 C 计)。尹维翰等(2012)的调查结果表明，渤海初秋总体表现为大气 CO_2 的弱源，通量为 1.01 mol/($m^2 \cdot a$)。国家海洋局基于 2011～2012 年的监测结果指出(国家海洋局，2013)，渤海全年表现为大气 CO_2 的弱源(图 9.2)，交换通量为 (0.2 ± 0.1) mol/($m^2 \cdot a$)，以面积 7.7×10^4 km^2 计算，渤海每年向大气释放的 CO_2 为 (0.2 ± 0.1) $\times 10^9$ kg(以 C 计)。可见，不同研究得出的渤海海-气 CO_2 交换通量存在较大的差异，这可能是由于不同研究的评估方法、调查区域和时间不同。渤海海-气 CO_2 交换通量时空变异较大，某次观测、某个季节或者某个年份的数据代表性有限，难以科学评估渤海海-气 CO_2 交换通量。国家海洋局基于 2012～2016 年多年的监测评估结果指出，渤海冬季从大气吸收 CO_2，是大气 CO_2 的汇；春、夏、秋季均向大气释放 CO_2，是大气 CO_2 的源；全年对大气 CO_2 的吸收/释放接近平衡(国家海洋局，2017)。

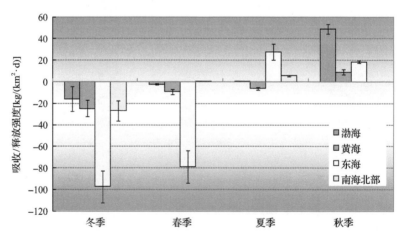

图 9.2　监测海域不同季节吸收/释放 CO_2 的强度(国家海洋局，2013)

9.2　渤海季节性缺氧及酸化

当海水溶解氧浓度低于一定阈值时，称该水体缺氧。目前对缺氧阈值尚没有明确的定义，大多数研究以 2～4mg/L 作为缺氧的阈值 (Vaquer-Sunyer and Duarte，2008)。近岸海域的水体缺氧通常与人类活动密切相关，尤其是人类活动导致的富营养化大大加剧了近海缺氧的发生 (Rabalais et al.，2014)。自 20 世纪 60 年代以来，全球近海缺氧区的数量以每年 (5.54±0.23)%的速率增长 (Vaquer-Sunyer and Duarte，2008)。目前，缺氧区已覆盖至 500 多个近岸海域 (Breitburg et al.，2018)。此外，在近海缺氧区的形成过程中，有机物耗氧分解释放的 CO_2 还会导致海水酸度的增加，引发或加剧海水的酸化现象 (Cai et al.，2011)，海水缺氧和酸化的协同作用会给海洋生态系统带来严重的威胁。

9.2.1　渤海低氧区分布

渤海是一个半封闭的内海，其水体停留时间约为 1.5 年 (Li et al.，2015)，水体交换能力弱。此外，环渤海经济圈人口数量众多，经济发展迅速，陆源污染严重。近些年来，渤海水体的富营养化问题突出、赤潮现象频发，这些因素都会促使渤海底层缺氧区的形成。2014 年夏季，多个研究观测到了渤海底层的低氧现象 (Zhao et al.，2017；江涛等，2016；张华等，2016)。如图 9.3 所示，底层 DO 与温度的分布十分相似，即底层海水温度越低、DO 浓度越低 (低温中心 4 除外)。以 3mg/L 作为低氧区界限，低温中心 2、3 的位置存在着两个低氧中心，DO 浓度最低值为 2.3mg/L，位于低温中心 2。从三维分布图 9.3 来看，水体层化弱的区域

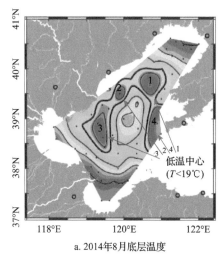

a. 2014年8月底层温度

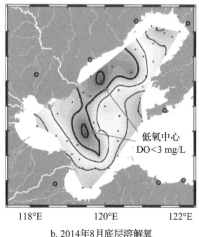

b. 2014年8月底层溶解氧

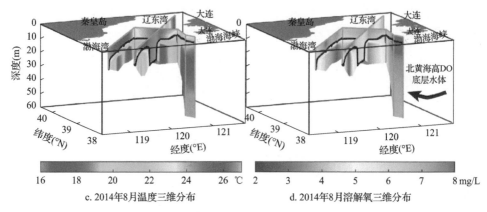

c. 2014年8月温度三维分布　　　　d. 2014年8月溶解氧三维分布

图 9.3　渤海典型夏季温度和溶解氧分布图［根据 Zhao 等（2017）修改］

图 c、d 中的黑色实线代表上混合层深度

DO 垂向分布均匀且浓度高，无低氧现象的发生。低氧水体都分布在强层化区域、混合层以下的底层水体，但是在靠近渤海海峡北部的强层化区域（低温中心 4），底层 DO 浓度很高。

9.2.2　渤海低氧控制机制

根据 DO 和混合层的分布可以看出（图9.3），低氧区与海水层化程度密切相关。定量关系表明，底层 DO 浓度的大小与水柱层化程度（以 PEA 表示，见图 9.4 说明）显著负相关，即海水层化越强（PEA 越大），底层 DO 浓度越低。低氧区形成过程中，海水层化主要起到阻碍底层低 DO 浓度水体与表层高 DO 浓度水体交换的作用。与上述关系不同的是，在低温中心 4 虽然层化作用很强，但是底层 DO 的浓度也很高。低温中心 4 位于北黄海水体进入渤海的环流路径上。以底层归一化碱

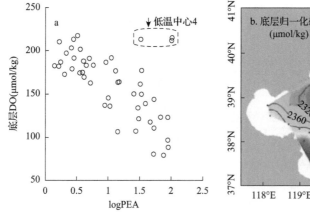

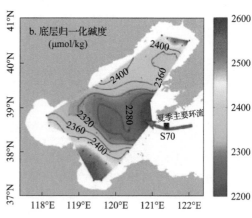

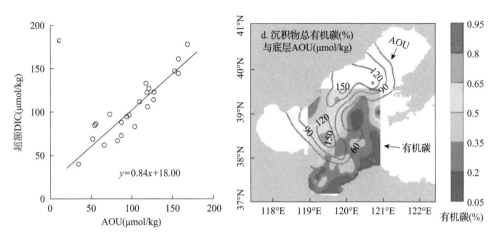

图 9.4　2014 年 8 月不同因素对底层 DO 影响的示意图（修改自 Zhao et al.，2017）
a. 水体 PEA 与底层 DO 的相关关系，其中 PEA（potential energy anomaly）表示海水层化的强度（Simpson et al.，1981），PEA 越大表示层化越强；b. 底层归一化碱度分布图；c. 底层 AOU 与超额 DIC 的相关关系，d. 底层 AOU 与沉积物总有机碳分布图

度（normalized total alkalinity）示踪，低温中心 4 的归一化碱度比渤海低得多，与北黄海相等（图 9.4），表现出北黄海水团的性质（Zhao et al.，2017）。而北黄海观测站位（图 9.4b 中的 S70 站位）的数据表明，北黄海底层 DO 浓度很高（Zhao et al.，2017）。因此，低温中心 4 的高浓度 DO 主要受北黄海高浓度 DO 水体输入的影响。

渤海低氧区的低温水团主要是来自冬季的残留水体（Zhou et al.，2009），由于冬季的大风混合作用，水体层化形成前，海水 DO 接近饱和状态，这暗示低氧区的底层 DO 是在层化形成后被消耗的。根据底层表观耗氧量（apparent oxygen utilization，AOU）的分布也可以看出低氧区存在着很强的耗氧过程（图 9.4d）。海水中超额 DIC（excess DIC）和 AOU 的定量关系表明（图 9.4c），有机物耗氧分解是渤海低氧区形成的主要耗氧过程（Zhao et al.，2017）。目前，对于渤海低氧区耗氧有机物的主要来源尚没有明确的结论。沉积物中高浓度总有机碳（TOC）的区域与底层水体高 AOU 的区域呈现出较好的一致性（图 9.4d），这表明沉积物中的有机碳可能是耗氧有机物的重要组成部分（Zhao et al.，2017）。而这些有机碳超过 80%来自于表层水体的藻华过程（Liu et al.，2015），这表明藻华过程可能是底层水体耗氧有机物的主要来源（Zhai et al.，2012；Zhao et al.，2017）。例如，在 2014 年 5～8 月，秦皇岛东南部海域爆发了严重的抑食金球藻赤潮，持续时间长达 85 天，最大面积达 2000 km²（国家海洋局，2015），如此强的藻华过程，可为渤海西北部低氧区提供丰富的耗氧有机物。

综上所述，渤海 DO 的分布受水体层化、北黄海水体输送和有机物耗氧分解等多个因素控制。根据 DO 分布及其控制机制，可以将渤海分为 3 个类型的区域（图 9.5）：区域类型Ⅰ为均匀混合-浅水区，包括近岸区域和渤海中央高地（低温中心 1、2、3、4 所围绕的区域)等浅水区域。该类型区域的垂直混合作用强,水体层化作用弱,温度、盐度和 DO 的垂直分布均匀,不存在低氧现象。区域类型Ⅱ为强层化-弱交换区,主要包括底层低温中心 1、2、3 周围的强层化区域。该类型区域的有机物耗氧分解作用强,而层化作用阻碍了底层水体与周边高浓度 DO 水体的交换,最终导致低氧的发生。区域类型Ⅲ为强层化-侧向补充区,是指靠近渤海海峡北部低温中心 4 周边的强层化区域。该区域受北黄海高浓度 DO 水体输入的影响,没有发生底层低氧现象。

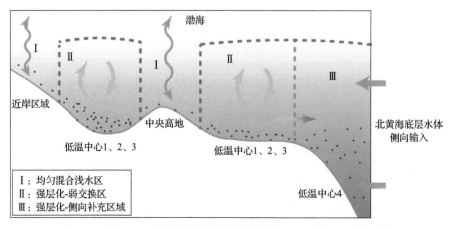

图 9.5　渤海 DO 分布控制机制示意图[根据 Zhao 等(2017)修改]

9.2.3　渤海季节性酸化

与底层季节性缺氧耦合发生的季节性水体酸化,是另一个严重危害渤海生态环境的重要问题。以 2011 年为例,6 月渤海 pH 的范围为 7.82～8.12,且水平和垂直的差异均不显著。8 月渤海底层海水 pH 要低得多,其中渤海西北部和北部近岸海域底层 pH 都在 7.75 以下,最低值为 7.64。与 6 月相比,8 月底层 pH 下降值大约为 0.20,下降最大值可达 0.29,而相应的底层总氢离子(H^+)浓度升高了 60%～100%,这相当于大洋表层海水未来 50～100 年的酸化程度(Zhai et al.,2012)。DO浓度与 pH 的相关关系表明,有机物耗氧分解是导致渤海西北部和北部海域底层酸化的主要原因(Zhai et al.,2012)。定量关系表明,该区域底层 DO 浓度每降低1 mg/L,pH 会相应地下降 0.052。

9.3　渤海海-气 CH_4 交换通量及其驱动机制

CH_4 是大气中含量仅次于 CO_2 的温室气体。我国对 CH_4 观测研究起步较晚,海洋领域面临数据资料相对分散的现状（臧家业，1998；Zhang et al.，2004，2008；李佩佩等，2010；Zhang et al.，2014）。渤海作为我国唯一的内海，其独特的地理和海洋环境及强烈的人为活动导致渤海 CH_4 的生物地球化学过程呈现独有的特征（李佩佩等，2010；Zhang et al.，2014）。

9.3.1　渤海溶解 CH_4 分布及主要控制因素分析

　　2008 年夏季观测结果显示（图 9.6）：渤海表层海水中溶解 CH_4 浓度范围为 3.37～11.46 nmol/L，饱和度范围为 164%～560%；底层海水中溶解 CH_4 浓度范围为 4.38～47.77 nmol/L，饱和度范围为 212%～2228%。

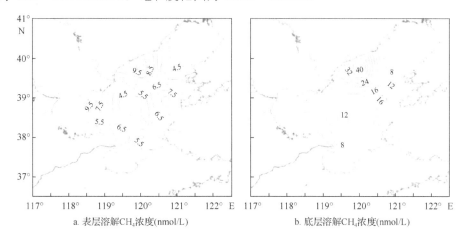

a. 表层溶解 CH_4 浓度(nmol/L)　　　　　　　　b. 底层溶解 CH_4 浓度(nmol/L)

图 9.6　2008 年夏季渤海表层和底层溶解 CH_4 浓度分布（李佩佩等，2010）

　　观测海域水柱中溶解 CH_4 浓度几乎均呈由表层向底层逐渐增高的趋势，尤其是秦皇岛海域，底层海水中溶解 CH_4 浓度约是表层的 4 倍，因此底层海水或沉积物可能是溶解 CH_4 的重要来源。水平方向上，表层和底层海水中溶解 CH_4 浓度均呈由近岸向渤海中部海域递减的分布特征。

　　通常，入海河流水体中溶解 CH_4 浓度远高于海水，是近海溶解 CH_4 重要源之一（Müller et al.，2016）。渤海沿岸河流众多，如黄河、海河、滦河和辽河等，年均径流量超过 650 亿 m^3（王修林等，2009）。以黄河为例，根据利津站所测水体中溶解 CH_4 的浓度（约 21.0 nmol/L）和径流量，可估算出黄河向渤海的 CH_4 年输入量约为 $2.22×10^5$ mol（李佩佩等，2010；顾培培等，2011）。

　　研究表明，人为活动导致近岸海域水体富营养化和藻华频发，直接或间接地增高了水体和沉积物中有机质的含量，并可能导致 CH_4 源增强效应（Bange et al，2010）。资料显示，2000 年以来秦皇岛市和大连市每年向渤海排放的废水中，化学需氧量（COD）入海通量分别约为 19.8 万 t 和 14 万 t（王修林等，2009），是导致近岸海域发生藻华的主要因素之一。直接排放和次生有机质在沉降至海底后易形成厌氧环境，有利于沉积物中厌氧菌将有机质转化为 CH_4，继而扩散释放进入水体(李佩佩等，2010；Zhai et al.，2012；Zhao et al.，2017)。可见，渤海沿岸强烈的人为活动可能是近岸水体中溶解 CH_4 浓度高于渤海中部海域的重要因素之一。

油气田开采过程中的泄露事故，也会显著影响局部海域海水中溶解 CH_4 的浓度。截至 2010 年，渤海已探明 23 块油气区，建成并运行 1932 口油井，成为我国最大的海洋油气开采区(Zhang et al.，2014)。近 20 年来，渤海油气开采和转运过程中已发生了多起泄露事故，如 2011 年 6 月蓬莱 19-3 钻井平台的溢油事故等。针对油气开采过程对渤海溶解 CH_4 的潜在影响，国家海洋环境监测中心于 2011～2012 年，开展了系统的观测研究。结果显示(图 9.7)，2011 年 11 月观测海域表层海水中溶解 CH_4 浓度为 2.87～12.05 nmol/kg，饱和度范围为 107%～448%；2012年 5 月，分别为 3.43～16.89 nmol/kg 和 125%～643%；2012 年 7 月，分别为 2.84～6.33 nmol/kg 和 128%～280%；2012 年 8 月，分别为 2.27～25.63 nmol/kg 和 108%～1193%。表层海水中溶解 CH_4 时空变化剧烈，高浓度值均位于南部和西南部油气开采区内，而低浓度值则位于远离油气开采区的中部海域。同时，油气开采区溶解 CH_4 浓度常呈现突跃式剧烈变化，峰值可达 (19.83 ± 4.28) nmol/kg，约是

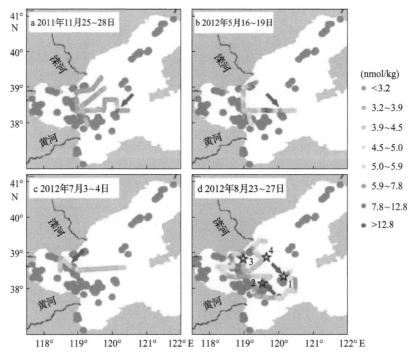

图 9.7　观测海域表层海水中溶解 CH_4 浓度走航连续观测结果(Zhang et al.，2014)
灰色斑点代表油气开采平台；1～4 代表离散采样站位；
蓝色箭头所指为靠近油气开采平台观测的溶解 CH_4 浓度峰值

中部海域的 4.7 倍。蓬莱 19-3 钻井平台溢油事故 5 个月后(2011 年 11 月),其附近表层海水中溶解 CH_4 浓度仍高达 (11.14 ± 1.03) nmol/kg,约是中部海域的 3.4 倍;2012 年 5 月降至 (6.60 ± 0.88) nmol/kg,约是中部海域的 1.5 倍;2012 年 8 月降至 (5.12 ± 0.68) nmol/kg,约是中部海域的 1.2 倍 (Zhang et al.,2014)。

9.3.2 渤海海-气 CH₄ 交换通量评估

基于 2008 年夏季观测资料,利用 LM86 和 W92 公式估算可得渤海观测期内的海-气 CH_4 交换通量分别为 (3.1 ± 1.6) μmol/(m²·d) 和 (8.1 ± 4.2) μmol/(m²·d),是大气 CH_4 的净源。结合渤海面积,估算得夏季渤海的 CH_4 释放量为 $3.6\times10^8\sim9.3\times10^8$ g,黄海和东海分别是渤海海-气 CH_4 交换通量的 3 倍和 5~6 倍(李佩佩等,2010)。

2011~2012 年的 4 个航次观测结果显示(Zhang et al.,2014),观测海域春季和夏季海-气 CH_4 交换通量为 1.60~18.71 μmol/(m²·d),比同期波罗的海观测结果 [0.69~14.00 μmol/(m²·d)] 略高。而 11 月海-气 CH_4 交换通量为 0.71~10.39 μmol/(m²·d),低于冬季波罗的海观测结果 [1.30~98.93 μmol/(m²·d)] (Gülzow et al.,2013)。渤海水深较浅,油气开采泄露的 CH_4 进入水体后,将很快通过垂直扩散输送至表层海水,导致局部海域海-气 CH_4 交换通量显著增强。

2011 年 11 月至 2012 年 5 月,蓬莱 19-3 油田附近海域海-气 CH_4 交换通量从中部海域的 14.6 倍逐渐下降至 2.5 倍(图 9.8)。2012 年 8 月,溢油事故海域海-气 CH_4 交换通量降至与中部海域水平相当,且与 2008 年 8 月该海域海-气 CH_4 交换通量基本一致(李佩佩等,2010)。这一过程显示溢油事故对油气开采区海-气 CH_4 交换通量的影响随时间逐渐减弱(Zhang et al.,2014)。

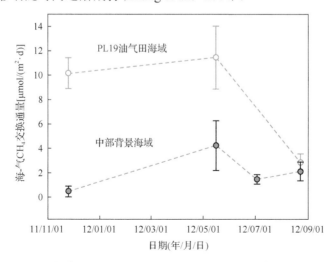

图 9.8 2011~2012 年蓬莱 19-3 油田海域海-气 CH_4 交换通量变化(Zhang et al.,2014)

参 考 文 献

顾培培, 张桂玲, 李佩佩, 等. 2011. 调水调沙对黄河口及邻近海域溶存甲烷的影响. 中国环境科学, 31(11): 1821-1828.

国家海洋局. 2013. 2012 年中国海洋环境质量公报.

国家海洋局. 2015. 2014 年北海区海洋灾害公报.

国家海洋局. 2017. 2016 年中国海洋环境状况公报.

国家海洋局北海分局. 2017. 2016 年北海区海洋环境公报.

国家海洋局北海分局. 2018. 2017 年北海区海洋环境公报.

江涛, 徐勇, 刘传霞, 等. 2016. 渤海中部海域低氧区的发生记录. 渔业科学进展, 37(4): 1-6.

李佩佩, 张桂玲, 赵玉川, 等. 2010. 夏季渤海溶解甲烷的分布与通量研究. 海洋科学进展, 28(4): 478-488.

李悦. 1997. 渤海现代物质通量研究. 青岛大学学报, 10(3): 46-49.

宋金明. 2004. 中国近海生物地球化学. 济南: 山东科技出版社: 606.

谭敏, 陈燕珍. 1990. 渤海黄海水体中的二氧化碳. 海洋环境科学, 9(1): 35-40.

王修林, 崔正国, 李克强, 等. 2009. 渤海 COD 入海通量估算及其分配容量优化研究. 海洋环境科学, 28(5): 497-500.

尹维翰, 齐衍萍, 曹志敏, 等. 2012. 渤海主要温室气体与海水 pCO_2 环境特征. 海洋湖沼通报, 4: 190-193.

臧家业. 1998. 东海海水中的溶存甲烷. 海洋学报, 20(2): 52-59.

张华, 李艳芳, 唐诚. 2016. 渤海底层低氧区的空间特征与形成机制. 科学通报, 61(14): 1612-1620.

张龙军, 张云. 2008. 夏季渤海表层海水 pCO_2 分布特征. 中国海洋大学学报, 38(4): 635-639.

张云. 2008. 夏季渤海海-气界面 CO_2 交换通量及主要影响机制分析. 中国海洋大学硕士学位论文.

俎婷婷, 鲍献文, 谢骏, 等. 2005. 渤海中部断面环境要素分布及其变化趋势. 中国海洋大学学报, 35: 889-894.

Bange H W, Bergmann K, Hansen H P, et al. 2010. Dissolved methane during hypoxia events at the Boknis Eck time series station (Eckernfrde Bay, SW Baltic Sea). Biogeosciences, 7: 1279-1284.

Breitburg D, Levin L A, Oschlies A, et al. 2018. Declining oxygen in the global ocean and coastal waters. Science, 359(6371): eaam7240.

Cai W, Hu X, Huang W, et al. 2011. Acidification of subsurface coastal waters enhanced by eutrophication. Nature Geoscience, 4(11): 766-770.

Gülzow W, Rehder G, Schnerder J, et al. 2013. One year of continuous measurements constraining methane emissions from the Baltic Sea to the atmosphere using a ship of opportunity. Biogeosciences, 10: 81-99.

Li Y, Wolanski E, Zhang H. 2015. What processes control the net currents through shallow straits? A review with application to the Bohai Strait, China. Estuarine, Coastal and Shelf Science, 158: 1-11.

Liu D, Li X, Emeis K, et al. 2015. Distribution and sources of organic matter in surface sediments of Bohai Sea near the Yellow River Estuary, China. Estuarine, Coastal and Shelf Science, 165: 128-136.

Müller D, Bange H W, Warneke T, et al. 2016. Nitrous oxide and methane in two tropical estuaries in a peat-dominated region of northwestern Borneo. Biogeosciences, 13: 2415-2428.

Ning X R, Lin C L, Su J L, et al. 2010. Long-term environmental changes and the responses of the ecosystems in the Bohai Sea during 1960-1996. Deep-Sea Research Part Ⅱ: Topical Studies in Oceanography, 57(11-12): 1079-1091.

Rabalais N N, Cai W, Carstensen J, et al. 2014. Eutrophication-driven deoxygenation in the coastal ocean. Oceanography, 27(1): 172-183.

Simpson J H, Crisp D J, Hearn C. 1981. The shelf-sea fronts: implications of their existence and behaviour. Philosophical Transactions of the Royal Society of London. Series A, Mathematical and Physical Sciences. 302 (1472), 531-546.

Vaquer-Sunyer R, Duarte C M. 2008. Thresholds of hypoxia for marine biodiversity. Proceedings of the National Academy of Sciences of the United States of America, 105(40): 15452-15457.

Zhai W, Zhao H, Zheng N, et al. 2012. Coastal acidification in summer bottom oxygen-depleted waters in northwestern-northern Bohai Sea from June to August in 2011. Chinese Science Bulletin, 57(9): 1062-1068.

Zhang G L, Zhang J, Kang Y B, et al. 2004. Distributions and fluxes of methane in the East China Sea and the Yellow Sea in spring. Journal of Geophysical Research, 109.

Zhang G L, Zhang J, Liu S M, et al. 2008. Methane in the Changjiang (Yangtze River) Estuary and its adjacent marine area: Riverine input, sediment release and atmospheric fluxes. Biogenchemistry, 91: 71-84.

Zhang Y, Zhao H D, Zhai W D, et al. 2014. Enhanced methane emissions from oil and gas exploration areas to the atmosphere-The central Bohai Sea. Marine Pollution Bulletin, 81(1): 157-165.

Zhao H D, Kao S J, Zhai W D, et al. 2017. Effects of stratification, organic matter remineralization and bathymetry on summertime oxygen distribution in the Bohai Sea, China. Continental Shelf Research, 134: 15-25.

Zhou F, Huang D, Su J. 2009. Numerical simulation of the dual-core structure of the Bohai Sea cold bottom water in summer. Chinese Science Bulletin, 54 (23): 4520-4528.

第 10 章

黄海海-气CO$_2$交换通量时空演变及调控机制*

* 徐雪梅，国家海洋环境监测中心
　臧昆鹏，国家海洋环境监测中心
　郑楠，国家海洋环境监测中心
　赵化德，国家海洋环境监测中心
　王菊英，国家海洋环境监测中心

黄海是西北太平洋典型的半封闭陆架边缘海之一，平均水深约为 45 m，西北边经渤海海峡与渤海连通，南面以长江口北岸启东嘴至济州岛西南角的连线与东海相接。黄海具有温带海洋的性质，水文特征具有明显的季节和空间差异，同时也是陆地、海洋、大气各种过程相互作用较为激烈的地带。由于黄海水深较浅，紧邻陆地，多条大河包括鸭绿江、汉江等直接或间接注入，营养物质十分丰富，生物资源蕴藏量很高(王保栋等，2001)。近年来黄海的富营养化问题加剧，突出表现在赤潮、绿潮频发及水母等低等海洋浮游生物泛滥等，海洋环境状况堪忧。然而目前黄海海水 pCO_2 的研究工作进展有限，相对于我国东海、南海海水 pCO_2 的研究而言仍然比较单薄。

10.1 黄海表层海水 pCO_2 和海-气 CO_2 交换通量的空间分布及季节变化

10.1.1 表层海水 pCO_2 的空间分布

早年，谭敏和陈燕珍(1990)基于 1984 年 8 月黄海总碱度、温度和盐度等资料估算了黄海海水 CO_2 体系各参量，指出北黄海 pCO_2 低值水舌沿辽东半岛沿岸向西南方向扩展，与海峡附近的 pCO_2 高值水相混合形成较大的分布梯度；山东半岛以南近岸水体中 CO_2 等值线的走向大致与岸线平行，且其含量略高于远岸海水的含量；在黄海东南部出现一个低值水舌向北伸展；海水温度、盐度、水团性质及水团间相互混合作用等是影响黄海 pCO_2 分布的重要因素。此外，该研究明确指出黄海冷水团海域 CO_2 的断面分布呈现分层现象，含量随深度增加而增加，等值线大致与海底平行。王峰等(2002)于 1999 年夏季的调查发现南黄海表层海水 pCO_2 分布存在较大的不均匀性，最高值出现在长江口区域，在长江口东北部海域有 pCO_2 的低值区。江春波等(2006)基于 2001 年 7 月对南黄海的现场调查，分析了夏季南黄海底层水涌升和长江冲淡水对海水 pCO_2 的影响，发现了相似的分布规律：在长江口附近西北部有一高值区，而在长江口东北部有一 pCO_2 低值区，并且成舌状向南黄海中部延伸。宋美芹等(2007)基于 2005 年春季调查指出，黄海海水 pCO_2 等值线呈西北-东南走向，由外海向近岸逐渐减小呈明显的梯度分布，高 CO_2 的底层水不断被输送至表层，因此南黄海中部出现明显的高值区，而在青岛外海、苏北浅滩外侧及北黄海西北部海域生物活动吸收 CO_2 形成相对低值区。张龙军等(2008)于 2006 年 12 月的观测表明，北黄海表层海水 pCO_2 最低值出现在鸭绿江口附近，沿着辽东半岛南岸向中部逐渐升高，呈现明显的梯度分布，以 380 μatm 等值线为界形成冬季北黄海表层海水 pCO_2 的低值区；在山东半岛以北沿岸区域情况较为复杂，122°E 以西海域出现 pCO_2 的最高值，而 122°E 以东海域出现 pCO_2 的低值区，最低为 335 µatm；北黄海中部 pCO_2 分布较为均匀，等值线自东南向西北成舌状延伸至渤海海峡，始终大于 380 µatm。

10.1.2　表层海水 pCO_2 的季节变化

Tsunogai 等（1999）基于 1993 年 2 月和 1994 年 8 月对东海中部一条断面（PN 断面）的调查外推至南黄海，指出冬季南黄海表层海水 pCO_2 为 220～280 ppm[①]，夏季为 300～320 ppm。Oh 等（2000）研究发现 1996 年 4 月春季黄海表层海水 pCO_2 为 220～360 µatm。王峰等（2002）于 1999 年夏季对南黄海进行了调查，发现南黄海表层海水 pCO_2 为 273～732 µatm。江春波等（2006）发现 2001 年 7 月南黄海海水 pCO_2 为 117～590 µatm，平均值为 378 µatm。宋美芹等（2007）基于 2005 年春季调查，给出了 3 月黄海表层海水 pCO_2，为 360～640 µatm，平均值为 486 µatm。张龙军等（2008）于 2006 年 12 月的观测研究表明，冬季北黄海表层海水 pCO_2 为 203～683 µatm，平均值为 408 µatm。

2009 年，国家海洋局在北黄海进行了系统调查，发现北黄海春季 3 月表层海水 pCO_2 变化范围为 261～444 µatm，平均值为 322 µatm；春季 5 月为 330～469 µatm，平均值为 392 µatm；夏季 7 月为 305～566 µatm，平均值为 405 µatm；秋季 10 月为 338～534 µatm，平均值为 441 µatm，如表 10.1 所示（国家海洋局，2010）。

表 10.1　2009 年北黄海调查海域表层海水 pCO_2 及海-气 CO₂ 交换通量

时间	pCO_2(µatm)	pCO_2 均值(µatm)	海-气 CO₂ 交换通量均值[*][mmol/(m²·d)]
3 月	261～444	322	−7.2±1.2
5 月	330～469	392	0.6±0.6
7 月	305～566	405	1.5±1.4
10 月	338～534	441	6.3±3.6

* 海-气 CO₂ 交换通量(air-sea CO₂ flux)，正值表示海洋向大气释放 CO₂，即碳源；负值表示海洋吸收大气 CO₂，即碳汇。

10.1.3　表层海水 pCO_2 时空变化的影响因素

黄海表层海水 pCO_2 具有显著的时空变化特征，尤其是北黄海，由于黄海暖流和黄海冷水团等多种水团相互作用，生物地球化学过程复杂多变，因此该海域

[①] 1 ppm=10⁻⁶

海水 pCO_2 时空变化显著(国家海洋局,2010)。夏季北黄海表层海水 pCO_2 整体较高,相对大气 CO_2 过饱和,其他季节 pCO_2 源汇并存。秋季除北黄海中部相对大气 CO_2 欠饱和之外,其他海域均为过饱和。冬季 pCO_2 在近岸相对大气 CO_2 欠饱和,在中部黄海暖流影响区表现为过饱和。春季在北黄海中部及鲁北近岸小范围海域出现 pCO_2 欠饱和,其他海域均为过饱和。夏季除了鲁北和辽南近岸海域,表层海水 pCO_2 主要受控于温度。鲁北近岸高 pCO_2 可能与底层冷水涌升及黄河泥沙的再悬浮有关。辽南近岸高 pCO_2 主要与水产养殖及河流输入有关:春季和秋季大部分区域 pCO_2 主要受控于生物作用,冬季表层海水 pCO_2 尽管在辽南近岸受到生物吸收的影响,但主要受控于温度的变化。另外,北黄海 pCO_2 还受到垂直混合作用和黄海暖流的影响。北黄海大部分海域温度对 pCO_2 季节变化的影响大于生物作用(Xue et al.,2012;薛亮,2011)。整体而言,北黄海冬季水体温度的降低(导致较高的 CO_2 溶解度)、春季强烈的生物活动、夏季水体温度的升高(导致较低的 CO_2 溶解度)和秋季逐步增强的水体垂直混合作用是影响北黄海表层海水 pCO_2 季节变化的重要因素(国家海洋局,2010)。

南黄海不同海域表层海水 pCO_2 也具有显著的季节性差异。首先,南黄海近岸区相对大气而言表层海水 pCO_2 基本全年呈现过饱和,主要由陆源输入、水体终年垂直混合作用及苏北老黄河口泥沙的再悬浮等导致。在南黄海中部,冬季垂直混合作用和黄海暖流的入侵使得海水 pCO_2 呈现高值;春季浮游植物吸收致使表层海水 pCO_2 欠饱和;夏季长江冲淡水输入引起的强烈生物活动抵消了温度升高对 pCO_2 的增加作用,使得海水 pCO_2 欠饱和;秋季生物作用较弱、温度较高,另外水体层化结构逐渐消失,因而 pCO_2 过饱和。总体而言,在南黄海,生物作用对 pCO_2 的影响可能要大于温度变化的影响(Zhang et al.,2010;薛亮,2011)。

10.1.4 黄海海-气 CO_2 交换通量评估

早年,Oh 等(2000)根据多因子数学模型推测黄海春季是大气 CO_2 的年度净汇,碳汇量为 2.34 mol/$(m^2 \cdot a)$。Kim 等(1999)基于有限观测指出,南黄海 4 月是大气 CO_2 的汇,6~9 月南黄海是大气 CO_2 的源,而 10 月至次年 5 月则表现为大气 CO_2 的汇,全年而言黄海仍是大气 CO_2 的汇,该研究还指出虽然黄海仅占全球海洋面积的0.1%,但是碳通量却占全球的0.5%。宋金明等(2004)基于表层海水 pCO_2 与温度的模型指出,春季黄海表现为大气 CO_2 的汇;夏季除北黄海东部近岸区外几乎全海域皆为大气 CO_2 的源,北黄海碳通量为 0.4~0.8 mol/$(m^2 \cdot a)$,南黄海碳通量为 0.8 mol/$(m^2 \cdot a)$;秋季最为复杂,北黄海吸收 CO_2,南黄海北部吸收 CO_2,南部则释放 CO_2;冬季整个黄海皆是大气 CO_2 的汇;黄海一年四季海-气 CO_2 交换通量分别为：春季为$-3.4\ mol/(m^2 \cdot a)$，夏季为 $0.7\ mol/(m^2 \cdot a)$，秋季为 $0.2\ mol/(m^2 \cdot a)$，冬季为$-5.4\ mol/(m^2 \cdot a)$，全年而言黄海表现为大气 CO_2 的汇，海-气界面 CO_2 交换通量为$-2.0\ mol/(m^2 \cdot a)$。江春波等（2006）的研究指出，夏季南黄海受长江冲淡水影响海域是大气 CO_2 的汇区，受上升流影响海域为源区，但夏季南黄海总体是大气 CO_2 的弱源。宋美琴等（2007）的研究表明，初春 3 月由于海水强烈的垂向混合作用黄海成为大气 CO_2 的一个源区。张龙军等（2008）针对北黄海冬季的研究认为，受黄海暖流北上的影响，北黄海整体上表现为大气 CO_2 的源。薛亮（2011）基于多个航次调查数据的研究指出，南黄海除在春季是大气 CO_2 的净汇以外，在其他季节均是大气 CO_2 的净源，南黄海的年通量为$(1.99 \pm 0.39)\ mol/(m^2 \cdot a)$（以 C 计）。相比较而言，北黄海尽管在秋季、冬季和春季有 CO_2 的汇区存在，但各个季节均是 CO_2 的净源，全年北黄海 CO_2 释放通量为$(0.74 \pm 0.12)\ mol/(m^2 \cdot a)$（以 C 计）。就整个黄海而言，其表现为大气 CO_2 的净源，年均释放通量为$(0.63 \pm 0.10)\ mol/(m^2 \cdot a)$（以 C 计），每年可向大气释放 $8.02 \times 10^9\ kg$（以 C 计）CO_2。Qu 等（2014）的研究指出，黄海西部和中部在夏季是大气 CO_2 的弱汇，通量为$-1.02\ mol/(m^2 \cdot a)$（以 C 计）。Luo 等（2015）基于模式估算指出，黄海中部全年表现为大气 CO_2 的弱汇，通量为$-0.70\ mol/(m^2 \cdot a)$（以 C 计）。

为了更科学全面地评估黄海海-气 CO_2 交换通量的季节变化，国家海洋局自 2010 年开始在黄海开展了可以覆盖春、夏、秋、冬四季的海-气 CO_2 交换通量走航监测。综合 2011 年和 2012 年的初步监测结果指出，黄海冬、春和夏季从大气吸收 CO_2，是大气 CO_2 的汇；秋季向大气释放 CO_2，表现为源，年通量约为$(-0.2 \pm 0.10)\ mol/(m^2 \cdot a)$（以 C 计）（国家海洋局，2013）。基于该数据，以黄海面积为 $0.38 \times 10^6\ km^2$ 计算每年从大气吸收的 CO_2，为$(-1.0 \pm 0.3) \times 10^9\ kg$（以 C 计）（刘茜等，2018）。综合 2012～2016 年监测数据，国家海洋局深入研究指出黄海冬、春季从大气吸收 CO_2，夏、秋季向大气释放 CO_2，全年对大气 CO_2 的吸收/释放接近平衡（国家海洋局，2017）。

10.2　表层海水 $p CO_2$ 的月季变化及其调控因素分析——以圆岛站为例

针对黄海海水 $p CO_2$ 及海-气 CO_2 交换通量的研究大多基于有限航次的大面站的观测，仅可以勉强覆盖春、夏、秋、冬 4 个季节。然而，陆架边缘海具有海洋中最富有变化的环境及最有活力的生物化学过程，导致陆架边缘海表层海水 $p CO_2$ 及海-气 CO_2 交换通量的复杂性、多变性及独特性，有限航次的大面站调查数据在细致刻画海-气 CO_2 交换通量的演变及其影响调控机制方面存在局限性，并且目前海-气界面 CO_2 交换通量评估的一个较大的不确定性是对于海洋表层水体 CO_2 的采样频率不足，因此时间序列站碳酸盐体系参数数据的积累和研究有助于深刻剖析表层海水 CO_2 源汇的主要控制过程及理解碳的海洋生物地球化学循环，对于预测未来大气 CO_2 水平乃至全球气候变化也是至关重要。圆岛站处于黄海西北部海域，且具有典型的北黄海海水碳酸盐体系的特征。例如，圆岛海域海水总碱度（TAlk）具有以下属性：TAlk（μmol/kg）=61.745×Salinity+320（盐度）（Zhai et al.，2014），圆岛海域表层海水 pCO_2 及海-气 CO_2 交换通量的长时间连续观测和剖析有助于黄海水体表层海水 pCO_2 及海-气 CO_2 交换通量的评估。以下章节将以圆岛站为例借助多年的数据进一步分析表层海水 pCO_2 及海-气 CO_2 交换通量变化规律（Xu et al.，2016）。

10.2.1 圆岛站水文化学等参数月季变化

圆岛海域海水温度、盐度等各项参数的分布变化受东亚季风及黄海冷水团季节演变等的影响呈现规律的季节变化，如图 10.1 所示。首先，圆岛海域海水温度受北半球太阳辐射的季节变化影响呈现典型的温带海域海水温度夏季高、冬季低的季节变化特征（图 10.1a）。此外，由于受到黄海冷水团季节演变的影响，圆岛海域水体的垂直结构从冬季到夏季也发生了明显的变化，冬季强烈的北风和降温作用使得水体垂直混合均匀；春季水体垂向混合作用变弱，在垂直方向上逐渐出现分层；夏季水体的季节性温跃层已经相当显著；秋季温跃层逐渐减弱；冬季强烈的北风和降温作用再次将温跃层打破，水体垂直混合均匀。由此可见，圆岛海域存在季节性温跃层，它在春季形成，夏季增强，秋季减弱，冬季消失（Xu et al.，2016）。

圆岛海域海水盐度相对于温度变化不大，但伴随陆地径流和降雨量增加表层海水盐度也会呈现夏季降低的变化规律（图 10.1a）。春季，圆岛海域水体初级生产水平相对较高，因此表层海水溶解氧（DO）呈现过饱和（图 10.1d）；夏季，海水温度升高引起的氧气溶解度降低及海-气界面氧气交换等作用致使表层水体 DO 含量相对较高，呈现过饱和，但底层水体出现 DO 含量较低的现象；秋季和初冬，降温和大风作用导致水体层化逐渐消失，垂直混合作用将底层 DO 欠饱和的海水带到表层致使表层水体 DO 含量下降；冬末，表层海水 DO 含量几乎与大气平衡（Xu et al.，2016）。此外，陆架边缘海海水硝酸盐和其他营养盐的含量对浮游植物的生长具有重要作用，进而成为影响海水 pCO_2 的重要因素。圆岛海域表层海水中 NO_3-N 含量具有显著的月季变化（图 10.1d），在冬季含量相对较高，而在其他季节含量均相对较低（Xu et al.，2016）。

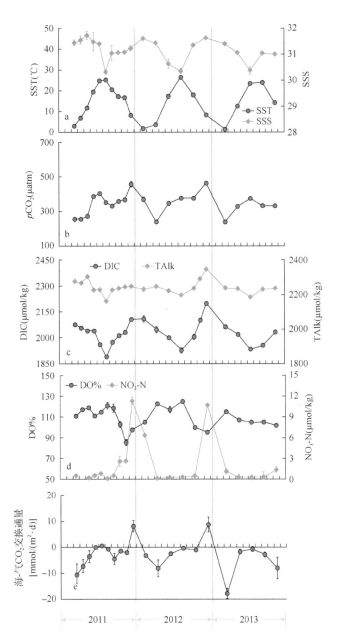

图 10.1　圆岛海域表层海水温度(a)、盐度(a)、pCO_2(b)、DIC(c)、TAlk(c)、DO%(d)、
NO₃-N(d)及海-气 CO₂ 交换通量(e)各项参数的月季变化

10.2.2　圆岛站海水碳酸盐体系参数月季变化

圆岛海域表层海水溶解无机碳(DIC)从春季到夏季呈现明显降低的趋势

（图10.1c），相反从秋季到冬季则呈现升高趋势（Xu et al.，2016）。例如，2011年3月圆岛海域表层海水DIC为2076 μmol/kg，4月下降到2057 μmol/kg，5月为2040 μmol/kg，8月达到最小值，仅为1890 μmol/kg，9月升高至1975 μmol/kg，11月升高至2031 μmol/kg，12月达到年度最高值，为2107 μmol/kg。此外，圆岛海域水体DIC的垂直分布存在季节性分层，表、底层水体之间DIC的浓度梯度在8月达到最高值，为240 μmol/kg，9月DIC分层逐渐减弱，至12月消失。圆岛海域表层海水TAlk数值的变动范围为2162～2347 μmol/kg（图10.1c），月季变化趋势类似于DIC，从春季到夏季呈现明显降低的趋势，相反从秋季到冬季则呈现升高趋势，最小值出现在夏季，最大值出现在冬季。

春季圆岛海域表层海水pCO_2较低为240～330 μatm，相对大气CO_2欠饱和（图10.1b）；夏季相对较高，为346～403 μatm；秋季表层海水pCO_2，为332～376 μatm；初冬达到最高值，为457～464 μatm，相对大气CO_2过饱和；冬末表层海水pCO_2为370 μatm，基本与大气平衡。由此可见，圆岛海域海水pCO_2呈现明显的季节变化，经历了从大气CO_2源到汇的季节转变，具有典型的陆架边缘海海水pCO_2的时空变异特征（Xu et al.，2016）。

10.2.3 圆岛海域表层海水pCO_2的影响调控因素

圆岛海域一年四季水文特征和碳酸盐体系参数等均发生了明显的季节演变，与之对应，表层海水pCO_2也呈现规律的季节变化。圆岛海域海水温度、盐度、生物活动、垂直混合及海-气交换等过程的变化对表层海水pCO_2的影响随季节变化（Xu et al.，2016）。

首先，圆岛海域海水温度的变化对表层海水pCO_2由春季到秋季的季节变化具有至关重要的影响作用。从春季到夏季，伴随着海水温度的升高表层海水pCO_2也相应地升高，而由夏季到秋季，伴随着海水温度的降低表层海水pCO_2也相应呈现降低的趋势，即圆岛海域表层海水pCO_2与海水温度存在正相关关系。其次，生物活动是圆岛海域表层海水pCO_2的另一个重要影响因素。特别是冬末春初，圆岛海域水温回升，以及冬季垂直混合和春季地面径流、降雨等引起的高水平营养盐等因素，促进了浮游植物的光合作用，增强了对CO_2的吸收，从而使得圆岛海域表层海水pCO_2呈现欠饱和。秋末和初冬，表层海水pCO_2相对较高，这是由于浮游植物生长产生的溶解和颗粒有机质沉降到底层水体中矿化分解、秋末冬初时垂直混合作用加强、表底层水体混合增强、富含CO_2及有机质的底层水被带到表层，适宜的水体温度有利于异养细菌降解有机物，使得pCO_2增加。此外，圆岛海域水体垂直结构的季节性变化也会影响表层水体pCO_2。春末至夏季，水柱分层将底层水体生物呼吸和有机物矿化过程与表层水体的浮游植物光合作用分离，

使得底层水体 pCO_2 和 DIC 增加。秋末和冬季，水体冷却和强劲的东北季风使得整个水柱垂直混合，把富含 CO_2 的底层水带到表层，使得表层水体 DIC 增加，pCO_2 呈现年度最高值。此外，冬季圆岛海域水体的垂直混合将底层丰富的营养盐带到表层，为春季浮游植物的生长及光合作用的增强奠定了物质基础。最后，陆地径流等输入也会对圆岛海域表层海水 pCO_2 产生一定影响。一般来说，从春季到夏季，圆岛海域表层海水盐度随着陆地淡水径流等的输入增多而减小，相比之下，秋季和冬季陆地淡水径流等输入减少，盐度相对较高，但总体而言圆岛海域表层海水 pCO_2 受盐度变化的影响不明显。此外，尽管海-气界面气体交换会改变水体 DIC，进而对表层海水 pCO_2 产生影响，但与温度、生物过程混合的影响相比，海-气界面气体交换对圆岛海域表层海水的 pCO_2 的影响较弱（Xu et al.，2016）。

与中国南海的 South East Asian time-series（SEATS）（18°N，116°E）（Sheu et al.，2010）、夏威夷的 Hawaii Ocean Time-series（HOT）（22°45′N，158°00′W）（Keeling et al.，2004）、大西洋的 Bermuda Atlantic Time-series（BATS）（31°50′N，64°10′W）（Bates，2007）有所不同，圆岛站位于温带北太平洋西部陆架边缘海，并且具有明显的季节性温跃层。陆架边缘海复杂多变的生物地球化学过程、陆地径流和有机物质的输入、更高的生产力及显著的人为活动的影响，致使圆岛海域碳酸盐体系各参数具有规律性的月季变化特征。圆岛海域表层海水 pCO_2 不仅受水体温度变化的影响，还受生物活动等其他过程的重要影响。春季，圆岛海域水体温度升高和营养盐丰富、浮游植物光合作用增强消耗水体的 CO_2 使得 pCO_2 欠饱和。夏季，随着水温升高表层海水 pCO_2 逐渐升高，且夏季是黄海冷水团的鼎盛期，温盐跃层出现，底层有机质的矿化使得底层海水 DIC 和 pCO_2 增加。秋季，由于黄海冷水团的消退，富含超额无机碳和营养盐的次表层水与上层水混合，超额无机碳的释放使得表层海水 pCO_2 升高，而营养盐的释放促进了浮游植物的光合作用，从而增强了对水体 CO_2 的消耗，因此 pCO_2 降低，效果相悖的两个过程的相互作用共同影响了 pCO_2 及海-气 CO_2 交换通量。初秋，富含超额无机碳和营养盐的次表层水与上层水混合，以营养盐释放增强浮游植物光合作用为主导，加上秋季水体降温使得水体 pCO_2 降低，表现为大气 CO_2 的汇；但秋末冬初，圆岛海域水体垂直混合作用增强，以超额无机碳的释放作用为主导，水体 pCO_2 升高并呈现全年的最高值，表现为大气 CO_2 的源。由此可见，海水温度对圆岛海域表层海水 pCO_2 的季节变化具有至关重要的影响作用，但春季浮游植物光合作用及冬季的水体垂直混合作用对表层海水 pCO_2 也具有重要影响（Xu et al.，2016）。

10.2.4　圆岛海域海-气界面 CO₂ 交换通量

圆岛海域由春季大气 CO_2 的汇到夏季转变为大气 CO_2 的源（图 10.1e），再到

秋季转变为大气 CO_2 的汇，继而初冬转变为大气 CO_2 的强源，冬末又再次转变为大气 CO_2 的汇(Xu et al., 2016)。圆岛海域从大气吸收 CO_2 的速率最大值出现在 3 月，为 $(14.2\pm5.0)\,mmol/(m^2\cdot d)$ (以 C 计)；7 月海-气界面 CO_2 交换通量约为 $(0.0\pm0.9)\,mmol/(m^2\cdot d)$ (以 C 计)，表明该研究区域的海水 pCO_2 与大气 CO_2 基本处于平衡状态；相比之下，12 月圆岛海域变为个大气 CO_2 的净源，向大气释放 CO_2 的速率可达 $(8.4\pm0.4)\,mmol/(m^2\cdot d)$ (以 C 计)。如果以 12 月和 2 月的平均通量来代表 1 月的海-气界面 CO_2 交换通量，那么圆岛海域全年表现为大气 CO_2 的净汇，从大气中吸收 CO_2 的速度约为 $(0.85\pm0.59)\,mol/(m^2\cdot a)$ (以 C 计)，如表 10.2 所示。

表 10.2　圆岛海域表层海水的 SST、SSS、DIC、TAlk、pCO_2- $pCO_{2(air)}$、海-气 CO_2 交换通量的月平均值

月份	观测时间	SST(℃)	SSS	DIC (μmol/kg)	TAlk (μmol/kg)	pCO_2-$pCO_{2(air)}$ (μatm)	海-气 CO_2 交换通量[mmol/(m²·d) (以 C 计)]
2 月	2012 年 2 月 27 日	1.93±0.05	31.61±0.01	2109±14	2231±12	−24±7	−3.1±0.8
3 月	2011 年 3 月 29 日 2013 年 3 月 14 日	2.32±1.16	31.42±0.02	2070±10	2257±27	−147±15	−14.2±5.0
4 月	2011 年 4 月 28 日 2012 年 4 月 6 日	5.30±2.31	31.49±0.08	2053±6	2257±14	−147±13	−7.7±0.6
5 月	2011 年 5 月 15 日 2013 年 5 月 29 日	12.20±0.64	31.39±0.48	2030±14	2269±50	−94±36	−2.6±1.5
6 月	2011 年 6 月 22 日 2012 年 6 月 8 日	18.48±1.52	31.06±0.60	2020±28	2225±3	−24±30	−1.2±1.7
7 月	2011 年 7 月 28 日 2013 年 7 月 31 日	24.14±0.86	30.89±0.73	1948±19	2207±30	3±24	0.0±0.9
8 月	2011 年 8 月 26 日 2012 年 8 月 16 日	25.93±0.86	30.33±0.02	1909±28	2180±24	−29±17	−0.5±0.3
9 月	2011 年 9 月 26 日 2013 年 9 月 5 日	22.30±2.50	31.04±0.00	1965±13	2226±4	−52±1	−3.6±1.2
10 月	2011 年 10 月 23 日 2012 年 10 月 19 日	17.65±0.45	31.21±0.21	2010±5	2235±0	−18±11	−1.2±0.3
11 月	2011 年 11 月 3 日 2013 年 11 月 12 日	15.45±1.82	31.04±0.06	2032±1	2240±6	−40±29	−5.0±4.3
12 月	2011 年 12 月 19 日 2012 年 12 月 12 日	8.30±0.11	31.43±0.28	2153±64	2298±71	68±4	8.4±0.4

10.3　黄海季节性低碳酸钙饱和度的调控机制及其对海-气 CO$_2$ 交换通量的影响

　　海洋作为大气 CO$_2$ 的汇每年约吸收人类排放 CO$_2$ 总量的 25%（Le Quéré et al.，2009；Khatiwala，2008），对缓解全球变暖具有重要作用，但海洋持续吸收大气 CO$_2$ 会导致海水 pH 和碳酸钙饱和度降低，产生海洋酸化问题（Fabry et al.，2008）。海洋酸化将改变海水碳酸盐系统中不同形态无机碳的比例，直接降低碳酸钙饱和度，从而对海洋生态系统产生深远的影响（Burns，2008）。目前海洋酸化已成为各国政府、科学家及公众共同关注的一个重大环境问题（Kleypas et al.，2006）。然而相对于全球海洋，近海生态系统运转机制复杂多样，特别是在气候变化和富营养化等环境压力的共同作用下，近海已成为响应全球大气 CO$_2$ 升高及其次生趋势性海水酸化的敏感区（Feely et al.，2010；Cai et al.，2011；翟惟东等，2012）。

　　黄海在 2011~2012 年出现底层海水文石饱和度（Ω_{arag}）小于 2.0 的海水酸化现象，其中秋季（11 月）最为严重，如图 10.2 所示。在黄海中部，底层海水 Ω_{arag} 的最低值仅为 1.0，已经达到生物钙质骨骼和外壳溶解的临界点。在黄海北部西侧海域，甚至表层水体也出现 Ω_{arag} 小于 2.0 的现象，最低可达 1.5，表明黄海北部的海水酸化问题已相当突出（国家海洋局，2013；Zhai et al.，2014）。

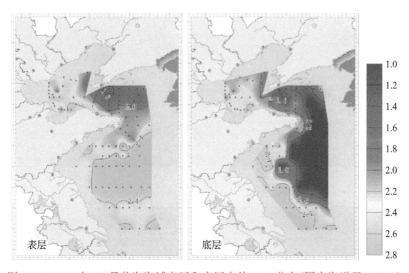

图 10.2　2012 年 11 月黄海海域表层和底层水体 Ω_{arag} 分布（国家海洋局，2013）

10.3.1　黄海夏季水文化学参数的分布

　　徐雪梅等（Xu et al.，2018）基于现场调查探讨分析了黄海季节性低碳酸钙饱和度的调控机制及其对海-气 CO_2 交换通量的影响。研究结果表明，黄海夏季表层海水温度分布比较均匀，变动范围为 13.7～23.8℃；底层海水温度较低，为 4.3～22.4℃，在黄海中部水深为 20～30m 深处存在一个显著的温跃层(图 10.3a、b)。由于降雨和河流淡水输入量的增加，黄海表层海水的盐度明显较低，变动范围为28.7～33.0；黄海底层水体盐度则较高且分布较均匀，变动范围为 29.2～34.0。就空间分布而言，黄海近岸海域盐度相对较低，特别是受长江等径流输入影响的河口海域，表层海水盐度整体偏低(图 10.3c、d)。黄海夏季初级生产水平较高，表

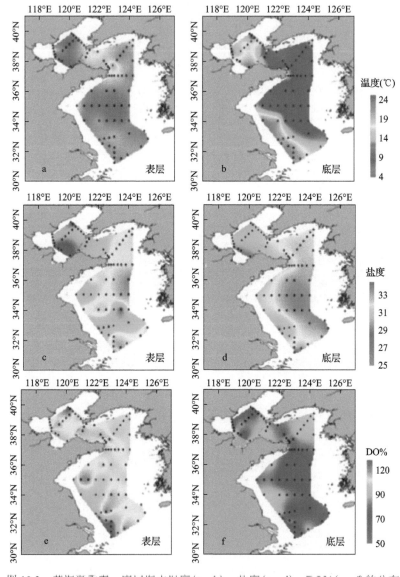

图 10.3　黄海夏季表、底层海水温度(a，b)、盐度(c，d)、DO%(e，f)的分布

层海水 DO 为 170～309 μmol/kg（以 O$_2$ 计），呈现过饱和状态（图 10.3e），溶解氧饱和度（DO%）变动范围为 75%～130%，仅在受长江冲淡水输入影响的河口附近海域观测到较低的 DO%。相比之下，黄海大部分底层海水耗氧过程占主导地位，DO 处于不饱和状态，DO 最低值为 112 μmol/kg（以 O$_2$ 计），DO%仅为 49%。

黄海水体 TAlk 值相对较低，变动范围为 2175～2326 μmol/kg，平均值为 2256 μmol/kg，由于受长江及鸭绿江冲淡水输入的影响，北黄海西北部和南黄海南部出现 TAlk 低值区（图 10.4a、b）。黄海水体 DIC 值也表现出明显的空间变化，

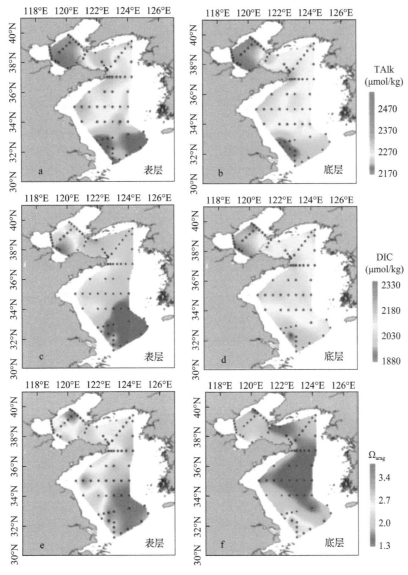

图 10.4　黄海夏季表、底层海水 TAlk（a，b）、DIC（c，d）及 Ω_{arag}（e，f）的分布

并且底层水体的 DIC 数值始终高于表层水体。北黄海水体 DIC 值变动范围为 1966～2156 μmol/kg，平均值为 2067 μmol/kg；南黄海水体 DIC 值变动范围为 1881～2171 μmol/kg，平均值为 2046 μmol/kg，在南黄海南部长江冲淡水附近海域观测到一个显著的 DIC 低值区域(图 10.4c、d)。夏季，黄海表层海水 Ω_{arag} 量值较高，变动范围为 2.0～3.8，最高值出现在南黄海南部，在长江和鸭绿江河口海域 Ω_{arag} 相对较低(图 10.4e、f)。相对而言，黄海底层海水 Ω_{arag} 数值较低，特别是南黄海中部，最低值仅为 1.3。值得注意的是，北黄海、南黄海水深分别为 20 m 和 30 m 的层化海域以下均出现了水体 Ω_{arag} 值低于 2.0 的海水酸化现象，且黄海底层水 $\Omega_{arag}<2.0$ 区域面积约为整个黄海研究区域的一半(Xu et al., 2018)。

10.3.2　黄海夏季海水 Ω_{arag} 的影响因素

夏季黄海水文特征和碳酸盐体系参数分布等均发生了明显的变化，温度、河流输入、群落呼吸/再矿化与初级生产、水体层化等过程均是黄海水体 Ω_{arag} 的重要影响因素(Xu et al., 2018)。首先，海水温度变化会引起海水中 CO_2 溶解度变化，进而对 Ω_{arag} 具有正向影响作用，且水体 Ω_{arag} 与海水温度的变化呈现正相关关系，$\Omega_{arag}= 0.08T+1.05$ ($r=0.77$, $n=279$)。其次，长江和鸭绿江的淡水输入使得河口附近海域水体 Ω_{arag} 下降。此外，海水 Ω_{arag} 的变化是陆架边缘海各种生物地球化学等过程综合作用的结果，而生物过程是其中至关重要的影响因素。富含营养盐的长江冲淡水的输入使得南黄海南部长江冲淡水影响的海域表层海水生物初级生产作用增强，消耗水体的 CO_2，使得表层海水 Ω_{arag} 出现最高值。相对于南黄海表层海水较高的 Ω_{arag}，群落呼吸和/或再矿化消耗海水氧气的同时产生 CO_2 使得研究海域次表层水的 Ω_{arag} 降低。对应于黄海体 Ω_{arag} 的空间分布变化，水体的垂直结构也发生了明显的变化，从近岸海域充分垂直混合的状态到由黄海冷水团的存在导致分层的中部海域(带有明显的温跃层)。水体层化作为一个基本的物理条件，有利于群落呼吸及有机物再矿化过程产生 CO_2 的积累，从而影响北黄海、南黄海不同海域次表层水体低 Ω_{arag} 的程度及分布范围。

10.3.3　21 世纪末黄海 Ω_{arag} 的评估

黄海是我国重要的水产养殖海域，具有重要的海洋生态和海洋经济价值。然而，未来随着大气 CO_2 的不断升高，海水 Ω_{arag} 可能会持续下降，进而对海洋生物乃至整个海洋生态系统产生潜在的负面影响。研究表明，21 世纪末北黄海表层海水 Ω_{arag} 下降较快，低至 1.4～1.9，平均值为 1.6；南黄海表层海水 Ω_{arag} 为 1.6～2.1，平均值为 1.8，如图 10.5 所示。虽然到 21 世纪末黄海表层海水 Ω_{arag} 仍然处于饱和状态，但将全部下降至 2.0 以下。此外，更值得注意的是，黄海底层海水 Ω_{arag} 已经下降至 $0.8\sim1.9$，黄海冷水团盘踞存在温跃层海域的底层海水 Ω_{arag} 甚至已经降低至不饱和状态，特别是黄海中部海域（Xu et al.，2018）。

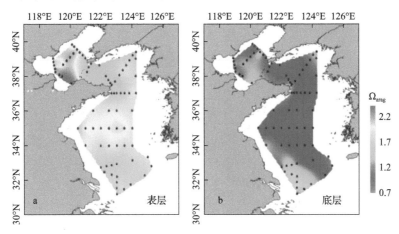

图 10.5　2100 年黄渤海表层(a)和底层(b)水体 Ω_{arag} 的分布

　　黄海不仅具有重要的海洋经济价值，还具有维护海洋生态系统平衡的重要作用。海水酸化会对生物体乃至整个海洋系统产生重要影响，但目前尚不清楚陆架边缘海酸化的情况及其发展变化趋势，更不清楚酸化将如何影响海洋生物和生态系统，因此需要开展更多的工作以明确陆架边缘海酸化的情况及其发展变化趋势，分析其对海洋生物和生态系统的影响等。

参 考 文 献

国家海洋局. 2010. 2009 年中国海洋环境质量公报.

国家海洋局. 2013. 2012 年中国海洋环境状况公报.

国家海洋局. 2017. 2016 年中国海洋环境状况公报.

国家海洋局北海分局. 2017. 2016 年北海区海洋环境公报.

江春波, 张龙军, 王峰. 2006. 南黄海夏季海水 pCO$_2$ 研究 II -下层海水涌升和长江冲淡水对海-气界面 CO$_2$ 交换通量的贡献. 中国海洋大学学报(增刊), 36: 147-152.

刘茜, 郭香会, 尹志强, 等. 2018. 中国邻近边缘海碳通量研究现状与展望. 中国科学: 地球科学, 48(11): 34-55.

宋美芹, 张龙军, 江春波. 2007. 初春(3 月份)水体垂直混合和生物活动对水-气界面 pCO$_2$ 分布的控制作用. 中国海洋大学学报(增刊), 37: 67-72.

谭敏, 陈燕珍. 1990. 渤黄海水体中的二氧化碳. 海洋环境科学, 9(1): 35-40.

王保栋, 刘峰, 战闰. 2001. 黄海生源要素的生物地球化学研究评述. 黄渤海海洋, 19(2): 99-106.

王峰, 张龙军, 王彬宇, 等. 2002. 改进的喷淋-鼓泡式平衡器 GC 法测定海水中 pCO_2. 分析科学学报, 18(1): 66-69.

薛亮. 2011. 黄海表层水体 CO_2 研究及南大西洋湾浮标 CO_2 分析. 中国海洋大学博士学位论文.

翟惟东, 赵化德, 郑楠, 等. 2012. 2011 年夏季渤海西北部、北部近岸海域的底层耗氧与酸化. 科学通报, 57(9): 753-758.

张龙军, 王婧婧, 张云, 等. 2008. 冬季北黄海表层海水 pCO_2 分布及其影响因素探讨. 中国海洋大学学报, 38(6): 955-960.

Bates N R, 2007. Interannual variability of the oceanic CO_2 sink in the subtropical gyre of the North Atlantic Ocean over the last 2 decade. Journal of Geophysical Research, 112: C09013.

Burns W C G. 2008. Anthropogenic carbon dioxide emissions and ocean acidification: the potential impacts on ocean biodiversity//Askins R A, Dreyer G D, Visgilio G R, et al. Saving Biological Diversity. Berlin: Springer Science and Business Media: 187-202.

Cai W J, Hu X P, Huang W J, et al. 2011. Acidification of subsurface coastal waters enhanced by eutrophication. Nature Geoscience, 4: 766-770.

Fabry V J, Seibel B A, Feely R A, et al. 2008. Impacts of ocean acidification on marine fauna and ecosystem processes. ICES Journal of Marine Science, 65: 414-432.

Feely R A, Alin S, Newton J, et al. 2010. The combined effects of ocean acidification, mixing, and respiration on pH and carbonate saturation in an urbanized estuary. Estuarine, Coastal and Shelf Science, 88: 442-449.

Keeling C D, Brix H, Gruber N, 2004. Seasonal and long-term dynamics of the upper ocean carbon cycle at Station ALOHA near Hawaii. Global Biogeochemical Cycles, 18: GB4006.

Khatiwala S. 2008. Fast spin up of ocean biogeochemical models using matrix-free Newton-Krylov. Ocean Modelling, 23: 121-129.

Kim K R. 1999. Air-sea exchange of the CO_2 in the Yellow Sea. Seoul: the 2nd Korea-China symposium on the Yellow Sea research.

Kleypas J A, Feely R A, Fabry V J, et al. 2006. Impacts of ocean acidification on coral reefs and other marine calcifiers: a guide for future research. Boulder, Colorado: Institute for the Study of Society and Environment (ISSE) of the University Corporation for Atmospheric Research (UCAR): 1-88.

Le Quéré C, Raupach M R, Canadell J G, et al. 2009. Trends in the sources and sinks of carbon dioxide. Nature Geoscience, 2: 831-836.

Luo X, Wei H, Liu Z, et al. 2015. Seasonal variability of air-sea CO_2 fluxes in the Yellow and East China Seas: a case study of continental shelf sea carbon cycle model. Continental Shelf Research, 107: 69-78.

Oh D C, Park M K, Kim K R. 2000. CO_2 exchange at air-sea interface in the Huanghai Sea. Acta Oceanologica Sinica, 19(1): 79-89.

Qu B X, Song J M, Yuan H M, et al. 2014. Air-sea CO_2 exchange process in the southern Yellow Sea in April of 2011, and June, July, October of 2012. Continental Shelf Research, 80: 8-19.

Sheu D D, Chou W, Wei C, et al. 2010. Influence of El Niño on the sea-to-air CO_2 flux at the SEATS time-series site, northern South China Sea. Journal of Geophysical Research, 115, C10021.

Tsunogai S, Watanabe S, Sato T. 1999. Is there a "continental shelf pump" for the absorption of atmospheric CO_2? Tellus, 51B: 701-712.

Xu X M, Zang K P, Zhao H D, et al. 2016. Monthly CO_2 at A4HDYD station in a productive shallow marginal sea (Yellow Sea) with a seasonal thermocline: Controlling processes. Journal of Marine Systems, 159: 89-99.

Xu X M, Zheng N, Zang K P, et al. 2018. Aragonite saturation state variation and control in the river-dominated marginal BoHai and Yellow seas of China during summer. Marine Pollution Bulletin, 135: 540-550.

Xue L, Xue M, Zhang L, et al. 2012. Surface partial pressure of CO_2 and air-sea exchange in the northern Yellow Sea. Journal of Marine Systems, 12: 194-206.

Zhai W D, Zheng N, Huo C, et al. 2014. Subsurface pH and carbonate saturation state of aragonite on the Chinese side of the North Yellow Sea: seasonal variations and controls. Biogeosciences, 11: 1103-1123.

Zhang L J, Xue L, Song M Q, et al. 2010. Distribution of the surface partial pressure of CO_2 in the southern Yellow Sea and its controls. Continental Shelf Research, 30: 293-304.

第 11 章

黄渤海及其海岸带碳循环综述*

* 王秀君，北京师范大学全球变化与地球系统科学研究院
韩广轩，中国科学院烟台海岸带研究所
王菊英，国家海洋环境监测中心

中国拥有超过 200 万 km^2 的大陆架和长达 1.8 万 km 的海岸线。中国近海总面积超过 470 万 km^2，包括渤海、黄海、东海和南海，其中渤海、黄海是位于温带的半封闭陆架浅海，每年会接收来自黄河、滦河、辽河等多条河流的泥沙和溶解性等陆源物质，其中黄河的输沙量和径流量最大。渤海的水深平均只有 18 m 左右，中央海盆是一个近似三角形的海盆，水深为 20～40 m，最大水深在山东半岛最东端成山角外，深度达 82 m。黄海平均水深约为 45 m，中部有自北向南变深的黄海槽，其深度范围为 60～80 m；北黄海平均水深约为 38 m，南黄海平均水深约 46 m。黄海西岸的苏北沿岸分布有广阔的滩涂、浅水地带，水深不足 20 m，并有一些水下三角洲，如古黄河水下三角洲及长江水下三角洲等。

中国近海沿岸分布着各类滨海湿地，除了浅海水域、潮下水生层和珊瑚礁，还包括潮间红树林沼泽、盐水沼泽、海岸性咸水湖/淡水湖、河口水域、三角洲湿地等，其面积约为 5.94 万 km^2。其中，黄河三角洲湿地处于河流、海洋和陆地的交错地带，受陆海物质交汇、咸淡水混合、径流和潮汐等不同水文要素的驱动，发育了不同的湿地类型和植被群落，土壤盐渍化较为严重(冯忠江和赵欣胜，2008)。

中国海岸带及其陆架海固碳能力、储碳潜力远大于相同气候带的陆地生态系统和大洋生态系统，但沿海地区人口密集、人类活动强烈，不仅影响海岸带生物固碳过程，还对近海碳循环的生物地球化学过程产生多方面的影响。另外，气候变化效应(如海平面上升、温度升高和海洋酸化等)会加剧对这些地区碳循环的影响，直接或间接地影响碳汇过程。本章围绕黄渤海及其海岸带关键碳循环过程，总结、分析有关研究现状，探讨陆海统筹下的碳循环过程及其驱动机制，为深入认识陆架海碳循环提供理论依据。

11.1　黄渤海水体颗粒碳时空演变

近海与陆地生态系统发生强烈的物质和能量交换，成为各类陆源物质(包括颗粒碳及营养盐)的汇集场所。一方面，陆源营养盐的输入使得近海浮游植物通过光合作用吸收更多的 CO_2，将其同化为有机物质，如颗粒有机碳(POC)；另一方面，陆源有机碳在近海水体中的周转周期由于缺氧、高盐等不利于微生物降解的环境而变长，POC 下沉并埋藏于海底沉积物中。另外，在近海有关黄渤海水体颗粒碳的直接观测十分有限，已有研究显示在黄海中部因受到黄海环流和黄海冷水团的影响 POC 浓度较低(章海波等，2016)。而颗粒无机碳(PIC)的研究主要集中在河口区域。例如，Gu 等(2009)的研究发现在黄河河口水体中 PIC 浓度是 POC 浓度的 3.6 倍。PIC 浓度与总悬浮物固体之间存在很好的相关关系，硝酸盐、磷酸盐等对 PIC 的分布存在一定的影响(王晓亮，2005)。

通过分析美国国家航空航天局 NASA 2002 年 7 月至 2016 年 12 月 MODIS-Aqua

卫星传感器的 POC、PIC 高精度数据 (http://oceancolor.gsfc.nasa.gov)，Fan 等 (2018) 发现，渤海 ($315\sim588$ mg/m^3) 的 POC 浓度高于黄海 ($181\sim492$ mg/m^3)，近岸的 POC 浓度高于近海。就 POC 浓度的季节性而言，整个黄渤海春季最高，渤海冬季最低，但黄海夏季最低。POC 的空间分布和季节性是由初级生产力、黄海-东海之间水交换、沉积物再悬浮和陆源输入的综合影响造成的。与 POC 相比，PIC 具有更大的空间变异性：近岸水域 (>600 mg/m^3) 的 PIC 浓度高于近海水域，其中南黄海中心位置最低 (<100 mg/m^3)。渤海和南黄海 PIC 浓度高于北黄海，平均值分别为 1279 mg/m^3、782 mg/m^3、238 mg/m^3。另外，苏北沿岸附近海域有一个舌形的 PIC 高值区 ($600\sim4000$ mg/m^3)，这是由古黄河口附近水下三角洲沉积物的再悬浮引起的。季节分布方面，黄渤海 PIC 浓度在冬季最高，其次是春季、秋季和夏季。黄渤海 PIC 浓度冬高夏低的季节性变化主要是因为冬季明显的沉积物再悬浮作用和夏季较强的分层作用 (樊航，2019)。

黄渤海水体 PIC 浓度的年际变化不大，但 POC 浓度在 2012 年之前呈现整体下降趋势，但随后呈现上升趋势，这与叶绿素的年际变化几乎相反，说明 POC 浓度的年际变化不受初级生产力的影响。一般而言，黄海与东海较强的水交换过程会对黄渤海水体 POC 产生稀释作用，因而导致 POC 浓度的降低。由此可见，东海环流的强弱对黄渤海颗粒碳浓度的年际变化有很大影响 (Fan et al.，2018)。

11.2　黄渤海沉积物碳埋藏

11.2.1　近海沉积物碳储量

近海沉积物是碳循环中重要的源与汇，一方面，大气 CO_2 经过一系列生物地球化学过程转化为颗粒性碳，最后沉降到沉积物中，成为重要的"汇"；另一方面，近海的物理和生物化学改造作用会使得上述过程向反方向进行，成为"源"。因此，近海沉积物在碳循环中的作用不可小觑。影响近海沉积物有机碳埋藏富集的主要因素是海洋生物初级生产力、沉积动力环境和海底物理化学条件 (郭志刚等，1999；Hu et al.，2016)。

国内对黄渤海沉积物有机碳的相关研究表明，表层沉积物 TOC 的分布具有由北向南减少的趋势，在渤海、北黄海、南黄海分别为 $0.52\%\sim2.09\%$、$0.68\%\sim1.67\%$、和 $0.21\%\sim0.97\%$ (于培松等，2011；Lin et al.，2014；王润梅等，2015)。黄渤海沉积物 TOC 高值区主要分布在河口区和泥质区，在各大河口差异明显：黄河口为 $0.1\%\sim0.85\%$，长江口 $0.35\%\sim0.70\%$，珠江口 $1.2\%\sim2.2\%$ (张凌，2006；王华新和线薇微，2011；吴丹丹等，2012；王润梅等，2015)。黄渤海沉积物 TOC 与沉积物中黏土和粉砂的含量呈显著的正相关关系，而与砂组分呈显著的负相关关系。

已有的研究利用碳同位素、矿物组成、生物标志物等追溯了黄渤海沉积 TOC 的来源，指出现代黄河口、老黄河口、长江和朝鲜半岛等海域表层沉积物以陆源为主，近海海域中部地区以水生来源为主，而南黄海及东海北部大部分陆架区域沉积有机质为陆地和海洋混合来源（赵美训等，2011；Hu et al.，2013；Tao et al.，2016；高立蒙等，2016）。

11.2.2　黄河口沉积物碳储量

黄河入海口位置几经摆动，目前位于东营市垦利区黄河口镇附近，处在渤海湾和莱州湾交界处。黄河口水域具有高泥沙负荷，主要是粉砂组分，很大程度上由中国黄土高原的侵蚀作用导致。从现代黄河口排出的大部分沉积物被沉降在水下三角洲或三角洲前缘 30km 以内（Kong et al.，2015；Zhao et al.，2015）。

已有研究显示，黄河口表层沉积物 TOC 有较大的空间异质性，并且近期浓度（$0.2\sim4.4$g/kg）（Yu et al.，2018）比前期报道的 $0.7\sim7.7$ g/kg（Li et al.，2014）和 $<1.0\sim6.0$ g/kg（Liu et al.，2015）偏低，这可能与最近几年黄河入海径流量不断减少有关（Wang et al.，2016）。总体上，TOC 高值区（$3.2\sim4.4$ g/kg）主要出现在黄河口北部、东部深水区及河口南侧水湾，南部水域数值偏低（$0.2\sim1.4$ g/kg）（Yu et al.，2018）。黄河口水域 TOC 含量明显低于渤海沿岸水域，如黄河口北部水域（$2.6\sim17.2$ g/kg）（Yuan et al.，2004）和莱州湾水域（$5.7\sim12.8$ g/kg）（Wang et al.，2017）。

黄河口表层沉积物 TIC 含量远高于 TOC，范围为 $6.3\sim20.1$ g/kg。TIC 的空间分布与 TOC 有相似性，高值区（>17 g/kg）主要出现在黄河口北部及东部深水区，而低值区（<13 g/kg）主要集中在南部水域。平均而言，黄河口表层沉积物 TIC 含量（14.1 g/kg）远高于南亚诸多河口 TIC（$3.3\sim8.2$ g/kg）（Gireeshkumar et al.，2013；Prasad and Ramanathan，2008；Nazneen and Raju，2017）。这些空间分布差异可能与入海河流水质、水体净初级生产力、生物呼吸及沉积物再悬浮作用有关（Masse and Montaggioni，2001；Dunne et al.，2012；Sun and Turchyn，2014）。黄河入海水体携带大量的黄土颗粒，使得河口水体中含有丰富的 Ca^{2+} 和 Mg^{2+}，另外该区域较强烈的咸淡水混合作用，促进了碳酸盐的析出（Liu et al.，2014；Wang et al.，2017）。

11.3　海-气 CO_2 交换通量

从 20 世纪 90 年代初中国才开始有关于近海海-气界面碳通量的研究，早前的研究中虽然研究方法不同、区域大小不同使得研究结果在量值上有较大差异，但是各研究结果均表明，以年为尺度，渤、黄、东、南海的碳源汇强度整体上均表

现为大气 CO_2 的汇(韩舞鹰等，1997；胡敦欣等，2001；高学鲁等，2008；宋金明，2011)。

近十年，通过走航式表层海水 CO_2 分压测定仪获得了部分中国近海的海-气界面碳通量。黄渤海海-气 CO_2 交换通量空间差异很大：大河口淡水-咸淡水混合区均为大气 CO_2 的源，一些海湾也表现为大气 CO_2 的源，而纯海水区则为 CO_2 的汇(王秀君，2016)。最新的数据分析显示，渤海每年向大气中释放 CO_2 约 0.22Tg(以C 计)，而黄海每年吸收 CO_2 约 1.15Tg(以 C 计)(焦年志等，2018)。

中国近海海-气 CO_2 交换通量有明显的时空异质性，整体上主要受控于表层海水的温度及气象条件(主要是风速)，但在春季受控于生物过程(宋金明，2011)。李熠等(2012)的研究发现，2009 年东海陆架区总体上春、冬季为 CO_2 的汇，夏、秋季为 CO_2 的源。2009 年北黄海西北部海-气界面碳通量的季节变化最具代表性。3 月表现为大气 CO_2 的汇，CO_2 吸收高达 7.2 ± 1.2 mmol/$(m^2 \cdot d)$；5 月和 7 月均表现为大气 CO_2 的弱源，CO_2 排放为 $0.6 \sim 1.5$ mmol/$(m^2 \cdot d)$；10 月 CO_2 排放显著增大，达 6.3 ± 3.6 mmol/$(m^2 \cdot d)$。整体而言，在年度上这一海域是大气 CO_2 的弱源，其向大气年释放 CO_2 为 $0.6 \sim 1.5$ mmol/$(m^2 \cdot a)$(见第 10 章)。对这一海域的分析表明，夏季与冬季表层海水温度、春季强烈的生物活动、秋季逐步增强的水体垂直混合作用是控制北黄海西北部海域不同季节表层海水 CO_2 分压及海-气 CO_2 交换通量的主要因素。

国家海洋局自 2010 年开始在黄渤海开展了可以覆盖春、夏、秋、冬四季的海-气 CO_2 交换通量走航监测，发现该海域海-气 CO_2 交换通量的季节性存在明显的年际变化。例如，2011 年和 2012 年的监测结果显示：黄海冬、春和夏季是大气 CO_2 的汇，秋季是大气 CO_2 的源，年通量约为 (-0.2 ± 0.10) mol/$(m^2 \cdot a)$。而综合 $2012 \sim 2016$ 年监测数据发现，黄海仅冬、春季从大气吸收 CO_2，夏、秋季均向大气释放 CO_2，就全年而言，黄海对大气 CO_2 的吸收/释放接近平衡(见第 10 章)。总体上看渤海全年对大气 CO_2 的吸收/释放也接近平衡，但海-气 CO_2 交换通量的季节性不同：冬季从大气吸收 CO_2，春、夏、秋季均向大气释放 CO_2(见第 9 章)。

11.4　黄河三角洲碳循环过程

11.4.1　滨海盐沼湿地碳循环

盐沼湿地一般分布在温带海滨，盐沼植被根冠比可达 $1.4 \sim 5.0$，有大量的初级生产力被储存在地下生物量中，通过根系周转进入土壤碳库。盐沼湿地具有很高的固碳能力，全球平均净固碳量为 218 g/m^2(以 C 计)，高于红树林每年的平均净固碳量，其碳的积累速度要远高于泥炭湿地，比陆地森林生态系统高 40 倍以上

(Mcleod et al.，2011)。另外，作为陆地和海洋生态系统之间的过渡生态系统类型，潮汐盐沼湿地土壤有机碳在海洋潮汐和地表径流的作用下能够以水溶物形式即 DOC 进入邻近水域。DOC 迁移和输出是盐沼湿地通过水文过程实现土壤碳输出的一个主要途径(曹磊，2014)。

我国盐沼植被生长在渤海、黄海、东海的海滨湿地，主要包括芦苇、碱蓬等盐生植物。我国盐沼植被总初级生产力(GPP)总体上不高，平均不到 1000 g/(m²·a)(以 C 计)，但生态系统 CO_2 净吸收量(NEE)相对偏高(表 11.1)。将纬度相近的黄河三角洲与美国圣华金三角洲相比，黄河三角洲盐沼湿地 GPP 为 586~1004 g/(m²·a)(以 C 计)、NEE 为 164~261 g/(m²·a)(以 C 计)，而美国圣华金三角洲 GPP 为 1506~2106 g/(m²·a)(以 C 计)、NEE 为 368~397 g/(m²·a)(以 C 计)，相比之下黄河三角洲的光合利用率明显高于美国圣华金三角洲。

表 11.1　不同区域盐沼湿地生态系统 NEE、GPP 及其比值(王秀君等，2016)

地点/类型	经纬度	测定时间	气温(℃)	降雨量(mm)	NEE [g/(m²·a) (以 C 计)]	GPP [g/(m²·a) (以 C 计)]	NEE/GPP
黄河三角洲芦苇湿地	37°46′N 118°59′E	2010 年生长季	21.4	495	261	712	0.37
		2011 年生长季	23	496	237	586	0.40
黄河三角洲潮上带湿地(Han et al.，2014)	37°46′N 118°59′E	2011 年	12	600	223	653	0.34
		2012 年	12	615	164	772	0.21
		2013 年	12.1	634	247	1004	0.25
加拿大安大略湖温带香蒲湿地	45°24′N 75°30′W	2005~2006 年	7.6	896	264	831	0.32
美国圣华金三角洲(老区)	38°06′N 121°39′W	2012~2013 年	15.6	278	397	1506	0.26
美国圣华金三角洲(新区)	38°03′N 121°45′W	2012~2013 年	15	390	368	2106	0.17
美国大沼泽地淡水沼泽	25°26′N 80°35′W	2008 年	23.7	1206	79	468	0.17
		2009 年		1284	11	456	0.02
	25°33′N 80°47′W	2009 年	24.6	1090	80	361	0.22

土壤呼吸对湿地生态系统碳通量有很大影响。研究发现，黄河三角洲滨海湿地芦苇/碱蓬生态系统生长季平均土壤呼吸强度要明显低于国内其他湿地生态系统(见第 4 章)。理论上讲，土壤呼吸是指土壤中 CO_2 的产生量，受土壤温度和湿度的影响；实际上，土壤呼吸强度经常通过测定地表 CO_2 交换通量来获得。然而，有研究显示，盐碱地土壤 CO_2 的产生与地表 CO_2 交换通量在量上和时间变化规律

上存在一定差异，地表 CO_2 交换通量通常要低于 CO_2 的产生，说明土壤呼吸作用产生的 CO_2 可能部分转化为其他形式(如碳酸盐等)，然后储存在土壤或地下水中(王钧漪，2019)。而滨海盐碱地强烈的水文过程能够将土壤剖面中的部分 CO_2 气体转化为溶解态带入地下水系统，并通过陆-海交互作用输送到近海；此外，较高的 pH 和盐分含量及淹水环境抑制了滨海盐碱地微生物对土壤有机质的分解作用，使得 CO_2 的产生偏低。由此可见，黄河三角洲湿地生态系统较弱的土壤 CO_2 排放是该区域固碳效率高的主要原因之一。

11.4.2　滨海盐碱土碳储量

土壤是陆地生态系统最大的碳库，其碳储量超过大气和地上植被碳储量的和，在全球碳循环与气候变化过程中起着十分重要的作用(Lal，2004)。土壤碳由有机碳(SOC)和无机碳(SIC)组成，无论是全球尺度上还是就中国而言，1m 土层中 SIC 的储量与 SOC 的储量相近。长期以来，由于 SOC 的肥力特性和巨大碳汇/源功能使其备受关注，但对 SIC 的关注度却相对较低。

通常认为，SIC 的周转时间较长，可达几千年甚至上万年(Nordt et al.，2000)，似乎在短期内对大气 CO_2 的影响不大(Eswaran et al.，2000)。但有研究显示，SIC 库并非长久不变，其在很大程度上受人类活动的影响(Wu et al.，2009；Wang et al.，2014，2015b)。早期有研究表明，中国西北地区土层中 SIC 的累积速率为 2～40 g/($m^2 \cdot a$)(以 C 计)，按面积估算，整个中国以碳酸盐形式截储大气中的 CO_2-C 每年可达 1.5×10^6 t(潘根兴，1999)。而近期研究显示，中国北方农田 1 m 土层中的 SIC 累积速率可达 43～202 g/($m^2 \cdot a$)(以 C 计)，是 SOC 累积速率的 2 倍以上(Wang et al.，2014)。

国内在 SIC 方面的研究主要集中在干旱、半干旱地区，包括黄土高原(Jin et al.，2014；Tan et al.，2014；Zhang et al.，2014)、内蒙古地区(Wang et al.，2013)及中国西部的干旱/荒漠地区(Feng et al.，2002；Wang et al.，2015a)，在半湿润区的研究相对较少。已有的报道显示，华北平原的潮土中储存了大量的 SIC(黄斌等，2006；宋泽峰等，2014)，农田土壤中的 SIC 储量高于非农田土壤(石小霞等，2017)。近期对华北平原典型农田的研究发现，1m 土层中 SIC 储量接近 SOC 储量的 2 倍(Guo et al.，2016；Shi et al.，2017)。

黄河三角洲分布着不同盐碱化程度的土壤，土地利用方式以农田为主，在盐碱化程度较轻的地区农作方式主要为小麦-玉米轮作，盐碱化程度较重的土地以棉花和水稻为主，并分布着一些芦苇地。总体上看，在 1m 土层中 SOC 和 SIC 储量在旱作农田要显著高于水稻田，而芦苇地中碳储量显著高于水稻田(见第 2 章)。近年来的研究发现，在中国北方偏碱性土壤剖面中 SIC 和 SOC 有显著正相关关系

（Wang et al.，2015b；Guo et al.，2016；Shi et al.，2017），说明土壤培肥过程（即增加 SOC）可以有效提高 SIC 储量。由此推论，滨海盐碱地改良不仅能提高土壤生产力，还能显著增加土壤碳的储量。

11.5　结论与展望

　　黄渤海是位于中国东北部的半封闭陆架浅海，有数千千米的海岸线及数十条入海河流，每年会接收大量的来自黄河、辽河等河流及海岸带冲刷所带来的泥沙和溶解性等陆源物质，这些陆源物质不仅包含大量的颗粒有机碳和无机碳，还有各种可溶性营养盐。颗粒碳在进入黄渤海后，除了少部分被分解/溶解或者运移到外海，大部分在河口和近岸海域沉降并埋藏在沉积物中。而大量营养盐的输入促进了黄渤海水体中浮游植物的光合作用及碳在海洋食物链中的吸收转化过程，从而增加了海水中有机碳浓度，并促进了其向海底的沉降和埋藏。

　　黄渤海海-气 CO_2 交换通量有很强的时空异质性。近岸海域多为大气 CO_2 的源，纯海水区为 CO_2 的汇。近 10 年的研究显示，黄渤海全年对大气 CO_2 的吸收/释放接近平衡，渤海仅冬季从大气吸收 CO_2，黄海在冬、春季是大气 CO_2 的汇。黄渤海碳源汇时空格局除了受海水自身生物化学过程和物理过程的影响，还与河口、海岸带陆源物质输入、表层沉积物再悬浮等过程有关。

　　黄渤海沿岸滨海湿地生态系统有较强的固碳能力，一方面是土壤呼吸强度偏弱、地表 CO_2 交换通量偏小，另一方面是由于强烈的水文过程将植物-土壤系统中所产生的碳输运至地下水或者邻近海域。沿岸植被覆盖类型和土地利用及管理措施不仅对土壤有机碳储量有影响，还会影响土壤无机碳储量。土壤培肥及盐碱地改良能够提高土壤有机碳水平，同时也会促进土壤碳酸盐的形成。

参 考 文 献

曹磊. 2014. 山东半岛北部典型滨海湿地碳的沉积与埋藏. 中国科学院研究生院（海洋研究所）博士学位论文.

樊航. 2019. 2002-2016 年黄渤海表层颗粒碳时空演变规律及驱动机制. 北京师范大学硕士学位论文.

冯忠江, 赵欣胜. 2008. 黄河三角洲芦苇生物量空间变化环境解释. 水土保持研究, 15（3）: 170-174.

高立蒙, 姚鹏, 王金鹏, 等. 2016. 渤海表层沉积物中有机碳的分布和来源. 海洋学报, 38（6）: 8-20.

高学鲁, 宋金明, 李学刚, 等. 2008. 中国近海碳循环研究的主要进展及关键影响因素分析, 32(3): 83-90.

郭志刚, 杨作升, 曲艳慧, 等. 1999. 东海中陆架泥质区及其周边表层沉积物碳的分布与固碳能力的研究. 海洋与湖沼, 30(4): 421-426.

韩舞鹰, 林洪瑛, 蔡艳雅. 1997. 南海的碳通量研究. 海洋学报, 19(1): 50-54.

胡敦欣, 杨作升. 2001. 东海海洋通量关键过程. 北京: 海洋出版社.

黄斌, 王敬国, 金红岩, 等. 2006. 长期施肥对我国北方潮土碳储量的影响. 农业环境科学学报, 25(1): 161-164.

焦念志, 梁彦韬, 张永雨, 等. 2018. 中国海及邻近区域碳库与通量综合分析. 中国科学: 地球科学, 48(11): 1393-1421.

李熠, 何海伦, 陈大可. 2012. 基于海水环境和气象参数经验公式估算的东海海-气 CO_2 交换通量. 海洋学研究, 30(3): 5-15.

潘根兴. 1999. 中国干旱性地区土壤发生性碳酸盐及其在陆地系统碳转移上的意义. 南京农业大学学报, 22: 51-57.

曲宝晓. 2015. 黄东海碳源汇的季节与区域变化特征及控制因素解析. 中国科学院研究生院(海洋研究所)博士学位论文.

石小霞, 赵诣, 张琳, 等. 2017. 华北平原不同农田管理措施对于土壤碳库的影响. 环境科学, 38(1): 301-308.

宋金明. 2011. 中国近海生态系统碳循环与生物固碳. 中国水产科学, 18(3): 703-711.

宋泽峰, 段亚敏, 栾文楼, 等. 2014. 河北平原表层土壤有机碳和无机碳的分布及碳储量估算. 干旱区资源与环境, 28(5): 97-102.

王华新, 线薇微. 2011. 长江口表层沉积物有机碳分布及其影响因素. 海洋科学, 35(5): 24-31.

王钧漪. 2019. 中国北方典型盐碱土 CO_2 时空演变规律及驱动因素. 北京师范大学硕士学位论文.

王润梅, 唐建辉, 黄国培, 等. 2015. 环渤海地区河流河口及海洋表层沉积物有机质特征和来源. 海洋与湖沼, 46(3): 497-507.

王晓亮. 2005. 黄河口无机碳输运行为研究. 中国海洋大学硕士学位论文.

王秀君, 章海波, 韩广轩. 2016. 中国海岸带及近海碳循环与蓝碳潜力. 中国科学院院刊, 31(10): 1218-1225.

吴丹丹, 葛晨东, 高抒, 等. 2012. 长江口沉积物碳氮元素地球化学特征及有机质来源分析. 地球化学, 41(3): 207-215.

于培松, 薛斌, 潘建明, 等. 2011. 长江口和东海海域沉积物粒径对有机质分布的影响. 海洋学研究, 29: 202-208.

张凌. 2006. 珠江口及近海沉积有机质的分布、来源及其早期成岩作用研究. 中国科学院地球化学研究所博士学位论文.

章海波, 杨鲁宁, 王丽莎, 等. 2016. 2013 年夏季黄、渤海颗粒有机碳分布及来源分析. 海洋学报, 38(8): 24-35.

赵美训, 张玉琢, 邢磊, 等. 2011. 南黄海表层沉积物中正构烷烃的组成特征、分布及其对沉积有机质来源的指示意义. 中国海洋大学学报(自然科学版), 41(4): 90-96.

Dunne J, Hales B, Toggweiler J. 2012. Global calcite cycling constrained by sediment preservation controls. Global Biogeochemical Cycles, 26: GB3023.

Eswaran H, Reich P F, Kimble J M, et al. 2000. Global carbon stocks//Lal R, Kimble J M, Stewart B A. Global climate change and pedogenic carbonates. Boca Raton: Lewis Publishers: 15-27.

Fan H, Wang X J, Zhang H B, et al. 2018. Spatial and temporal variations of particulate organic carbon in the Yellow-Bohai Sea over 2002-2016. Scientific Reports, 8(1): 7971.

Feng Q, Endo K N, Cheng G D. 2002. Soil carbon in desertified land in relation to site characteristics. Geoderma, 106: 21-43.

Gireeshkumar T R, Deepulal P M, Chandramohanakumar N. 2013. Distribution and sources of sedimentary organic matter in a tropical estuary, south west coast of India (Cochin estuary): a baseline study. Marine Pollution Bulletin, 66: 239-245.

Gu D J, Zhang L J, Jiang L Q. 2009. The effects of estuarine processes on the fluxes of inorganic and organic carbon in the Yellow River estuary. Journal of Ocean University of China, 8: 352-358.

Guo Y, Wang X J, Li X L, et al. 2016. Dynamics of soil organic and inorganic carbon in the cropland of upper Yellow River Delta, China. Scientific Reports, 6: 36105.

Han G, Xing Q, Yu J, et al. 2014. Agricultural reclamation effects on ecosystem CO_2 exchange of a coastal wetland in the Yellow River Delta. Agriculture, Ecosystems & Environment, 196: 187-198.

Hu L, Shi X, Bai Y, et al. 2016. Recent organic carbon sequestration in the shelf sediments of the Bohai Sea and Yellow Sea, China. Journal of Marine Systems, 155: 50-58.

Hu L M, Shi X F, Guo Z G, et al. 2013. Sources, dispersal and preservation of sedimentary organic matter in the Yellow Sea: the importance of depositional hydrodynamic forcing. Marine Geology, 335: 52-63.

Jin Z, Dong Y S, Wang Y Q, et al. 2014. Natural vegetation restoration is more beneficial to soil surface organic and inorganic carbon sequestration than tree plantation on the Loess Plateau of China. Science of the Total Environment, 485: 615-623.

Kong D, Miao C, Borthwick A G L. 2015. Evolution of the Yellow River Delta and its relationship with runoff and sediment load from 1983 to 2011. Journal of Hydrology, 520: 157-167.

Lal R. 2004. Soil carbon sequestration impacts on global climate change and food security. Science, 304: 1623-1627.

Li L, Wang X, Zhu A, et al. 2014. Assessing metal toxicity in sediments of Yellow River wetland and its surrounding coastal areas, China. Estuarine, Coastal and Shelf Science, 151: 302-309.

Lin T, Wang L, Chen Y, et al. 2014. Sources and preservation of sedimentary organic matter in the Southern Bohai Sea and the Yellow Sea: evidence from lipid biomarkers. Marine Pollution Bulletin, 86: 210-218.

Liu D, Li X, Emeis K C, et al. 2015. Distribution and sources of organic matter in surface sediments of Bohai Sea near the Yellow River Estuary, China. Estuarine, Coastal and Shelf Science, 165: 128-136.

Liu Z, Zhang L, Cai W J, et al. 2014. Removal of dissolved inorganic carbon in the Yellow River Estuary. Limnology and Oceanography, 59: 413-426.

Masse J, Montaggioni L. 2001. Growth history of shallow-water carbonates: control of accommodation on ecological and depositional processes. International Journal of Earth Sciences: Geologische Rundschau, 90: 452-469.

Mcleod E, Chmura G L, Bouillon S, et al. 2011. A blueprint for blue carbon: toward an improved understanding of the role of vegetated coastal habitats in sequestering CO_2. Frontiers in Ecology and the Environment, 9: 552-560.

Nazneen S, Raju N J. 2017. Distribution and sources of carbon, nitrogen, phosphorus and biogenic silica in the sediments of Chilika lagoon. Journal of Earth System Science, 126: 13.

Nordt L C, Wilding L P, Drees L R. 2000. Pedogenic carbonate transformations in leaching soil systems: implications for the global C cycle//Lal R, Kimble J M, Stewart B A. Global Climate Change and Pedogenic Carbonates. Boca Raton, USA: CRC Press: 43-64.

Prasad M B K, Ramanathan A L. 2008. Sedimentary nutrient dynamics in a tropical estuarine mangrove ecosystem. Estuarine Coastal and Shelf Science, 80: 60-66.

Shi H J, Wang X J, Zhao Y J, et al. 2017. Relationship between soil inorganic carbon and organic carbon in the wheat-maize cropland of the North China Plain. Plant and Soil, 418: 423-436.

Sun X, Turchyn A. 2014. Significant contribution of authigenic carbonate to marine carbon burial. Nature Geoscience, 7: 201-204.

Tan W F, Zhang R, Cao H, et al. 2014. Soil inorganic carbon stock under different soil types and land uses on the Loess Plateau region of China. Catena, 121: 22-30.

Tao S Q, Eglinton T I, Montlucon D B, et al. 2016. Diverse origins and pre-depositional histories of organic matter in contemporary Chinese marginal sea sediments. Geochimica et Cosmochimica Acta, 191: 70-88.

Wang J P, Wang X J, Zhang J, et al. 2015a. Soil organic and inorganic carbon and stable carbon isotopes in the Yanqi Basin of northwestern China. European Journal of Soil Science, 66: 95-103.

Wang S, Fu B, Piao S, et al. 2016. Reduced sediment transport in the Yellow River due to anthropogenic changes. Nature Geoscience, 9: 38-41.

Wang X J, Wang J P, Xu M G, et al. 2015b. Carbon accumulation in arid croplands of northwest China: pedogenic carbonate exceeding organic carbon. Scientific Reports, 5: 11439.

Wang X J, Xu M G, Wang J P, et al. 2014. Fertilization enhancing carbon sequestration as carbonate in arid cropland: assessments of long-term experiments in northern China. Plant and Soil, 380: 89-100.

Wang Y, Ling M, Liu R H, et al. 2017. Distribution and source identification of trace metals in the sediment of Yellow River Estuary and the adjacent Laizhou Bay. Physics and Chemistry of the Earth, Parts A/B/C, 97: 62-70.

Wang Z P, Han X G, Chang S X, et al. 2013. Soil organic and inorganic carbon contents under various land uses across a transect of continental steppes in Inner Mongolia. Catena, 109: 110-117.

Wu H B, Guo Z T, Gao Q, et al. 2009. Distribution of soil inorganic carbon storage and its changes due to agricultural land use activity in China. Agriculture Ecosystems & Environment, 129: 413-421.

Yu Z T, Wang X J, Han G X, et al. 2018. Organic and inorganic carbon and their stable isotopes in surface sediments of the Yellow River Estuary. Scientific Reports, 8: 10825.

Yuan H M, Liu Z G, Song J M, et al. 2004. Studies on the regional feature of organic carbon in sediments off the Huanghe River Estuary waters. Acta Oceanologica Sinica, 23: 129-134.

Zhang F, Wang X J, Guo T W, et al. 2014. Soil organic and inorganic carbon in the Loess profiles of Lanzhou area: implications of deep soils. Catena, 118: 68-74.

Zhao G, Ye S, Li G, et al. 2015. Late Quaternary strata and carbon burial records in the Yellow River delta, China. Journal of Ocean University of China, 14: 446-456.